浙江省普通高校“十三五”新形态教材

高等职业教育工程造价专业系列教材

# 建筑工程计价基础


主　编　沈永嵘　马知瑶　华钟鑫

副主编　吴晓红　宋蓉晖　虞国明　王　耀

参　编　殷芳芳　金彩娟　何晓晓　胡新颖

　　　　何　颖　傅利红

机械工业出版社

本书是浙江省普通高校“十三五”新形态教材，依据教育部《高等职业学校工程造价专业教学标准》、现行规范与定额（包括《房屋建筑与装饰工程工程量计算规范》（GB 50854—2013）、《建筑工程建筑面积计算规范》（GB/T 50353—2013）、《工程造价术语标准》（GB/T 50875—2013）、《浙江省房屋建筑与装饰工程预算定额》（2018 版）和《浙江省建设工程计价规则》（2018 版）等），以及浙江省相关文件通知要求，采用真实项目案例编写而成。

本书分为 4 个项目，计 11 个分解任务，主要内容包括建设项目概述、工程造价的确定、工程计价概述、建设工程定额概述、预算定额的应用、工程量清单计价规范概述、国标工程量清单的编制、国标工程量清单计价、建筑面积计算规范概述、建筑面积的计算和建筑面积计算的应用。

本书可作为高职高专工程造价专业、建筑工程技术专业、建设工程管理专业及相关土建专业的学习用书，也可作为工程造价初学者及二级造价工程师考试参考用书。

**图书在版编目（CIP）数据**

建筑工程计价基础/沈永嵘，马知瑶，华钟鑫主编. —北京：机械工业出版社，2022.8

浙江省普通高校“十三五”新形态教材　高等职业教育工程造价专业系列教材

ISBN 978-7-111-71231-2

Ⅰ.①建…　Ⅱ.①沈…　②马…　③华…　Ⅲ.①建筑工程-工程造价-高等职业教育-教材　Ⅳ.①TU723.3

中国版本图书馆 CIP 数据核字（2022）第 125388 号

机械工业出版社（北京市百万庄大街 22 号　邮政编码 100037）
策划编辑：王靖辉　　责任编辑：王靖辉　沈百琦
责任校对：潘　蕊　王　延　封面设计：王　旭
责任印制：郜　敏
三河市国英印务有限公司印刷
2022 年 9 月第 1 版第 1 次印刷
184mm×260mm · 8.75 印张 · 212 千字
标准书号：ISBN 978-7-111-71231-2
定价：29.80 元

电话服务　　网络服务
客服电话：010-88361066　机　工　官　网：www.cmpbook.com
010-88379833　机　工　官　博：weibo.com/cmp1952
010-68326294　金　书　网：www.golden-book.com

机工教育服务网：www.cmpedu.com

# 前言

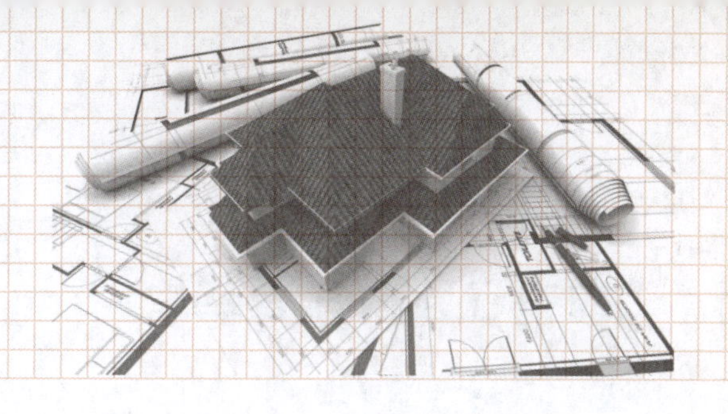

“建筑工程计价基础”是开设在“建筑工程计量与计价”之前的一门课程，是工程造价专业的核心课程之一。本书系统介绍了建筑工程计价的共性问题，如工程计价的概念体系、造价构成、计价方法等，为学生在后续工程造价专业课程的学习打下基础，为学生编制建筑工程造价文件提供支撑。

本书是根据高职高专院校工程造价、建筑经济信息化管理等专业的人才培养目标、教学计划和建筑工程计价课程标准，依据国家和浙江省有关部门颁发的现行规范、标准、定额和相关文件，依托于相应职业岗位标准编写的。编写的主要依据有：《建设工程工程量清单计价规范》（GB 50500—2013）、《房屋建筑与装饰工程工程量计算规范》（GB 50854—2013）、《建筑工程建筑面积计算规范》（GB/T 50353—2013）、《工程造价术语标准》（GB/T 50875—2013）、《浙江省房屋建筑与装饰工程预算定额》（2018 版）和《浙江省建设工程计价规则》（2018 版）。

本书在编写过程中，力求体现任务引领、实践导向课程的设计理念，内容紧密结合建筑工程计量与计价实践性强的课程特点，融入育人元素，以建筑工程造价的各项任务为主线，结合职业技能证书考核要求，力求体现教材内容的完整，数据的准确和信息的全面；做到图文并茂，通俗易懂，突出重点，适合高职高专学生的特点。

本书以计价岗位实际工作所需的知识能力作为教学的主线，按照建筑计价工作过程设置了工程造价入门、定额计价基础、国标清单计价基础和建筑面积 4 个项目以及建设项目概述、工程造价的确定、工程计价概述、建设工程定额概述、预算定额的应用、工程量清单计价规范概述、国标工程量清单的编制、国标工程量清单计价、建筑面积计算规范概述、建筑面积的计算和建筑面积计算的应用共 11 个分解任务。

本书由浙江同济科技职业学院沈永嵘、马知瑶及浙江中达工程造价事务所有限公司华钟鑫任主编；由丽水职业技术学院吴晓红、浙江同济科技职业学院宋蓉晖、杭州三才工程管理咨询有限公司虞国明、浙江恒正工程管理有限公司王耀任副主编；参与编写的还有浙江同济科技职业学院殷芳芳、浙江中兴工程咨询有限公司金彩娟、中汇工程咨询有限公司何晓晓、杭州仁安房地产有限公司胡新颖、浙江天平投资咨询有限公司何颖、浙江耀信工程咨询有限公司傅利红；全书由沈永嵘统稿。

本书的出版得到了杭州市工程造价管理协会的大力支持，是杭州市工程造价产学研联盟共同努力的结果。限于时间及编者水平，书中难免存在缺点和错误，恳请读者指正，以便不断改进和完善。同时，“建筑工程计价基础”是一门技术性、实践性、政策性、专业性都很强的课程，如内容上存在与国家、省市有关文件不符之处，以国家、省市有关部门文件与规定为准。

编　者

# 本书二维码清单

| 序号 | 名称 | 图形 | 序号 | 名称 | 图形 |
|---|---|---|---|---|---|
| 1 | 基本建设项目的划分 | | 10 | 工程计价概念 | |
| 2 | 基本建设的建设程序 | | 11 | 工程计价方法 | |
| 3 | 工程造价概念 | | 12 | 定额的概念与特性 | |
| 4 | 建设项目总投资费用构成 | | 13 | 施工定额 | |
| 5 | 建设期贷款利息 | | 14 | 预算定额 | |
| 6 | 建筑安装工程费用的构成（按费用的构成要素划分） | | 15 | 概算定额和概算指标 | |
| 7 | 建筑安装工程费用的构成（按造价形成划分） | | 16 | 人工消耗量指标的确定 | |
| 8 | 建筑工程施工费率计取 | | 17 | 材料消耗量指标的确定 | |
| 9 | 招投标阶段建安工程费用计算实例 | | 18 | 机械台班消耗量指标的确定 | |

（续）

| 序号 | 名称 | 图形 | 序号 | 名称 | 图形 |
|---|---|---|---|---|---|
| 19 | 人工单价的构成与确定 | | 28 | 建筑面积计算规则（第 11~26 条） | |
| 20 | 材料价格的确定 | | 29 | 不计算建筑面积的范围 | |
| 21 | 机械台班单价的确定 | | 30 | 脚手架工程费用（综合脚手架） | |
| 22 | 定额总说明 | | 31 | 脚手架工程费用（单项脚手架） | |
| 23 | 《清单计价规范》术语 | | 32 | 脚手架工程定额清单计价实例 | |
| 24 | 分部分项工程量清单的编制 | | 33 | 垂直运输工程费 | |
| 25 | 措施项目清单和其他项目清单的编制 | | 34 | 超高施工增加费 | |
| 26 | 建筑面积的术语 | | 35 | 超高施工增加费定额清单计价实例 | |
| 27 | 建筑面积计算规则（第 1~10 条） | | | | |

# 目 录

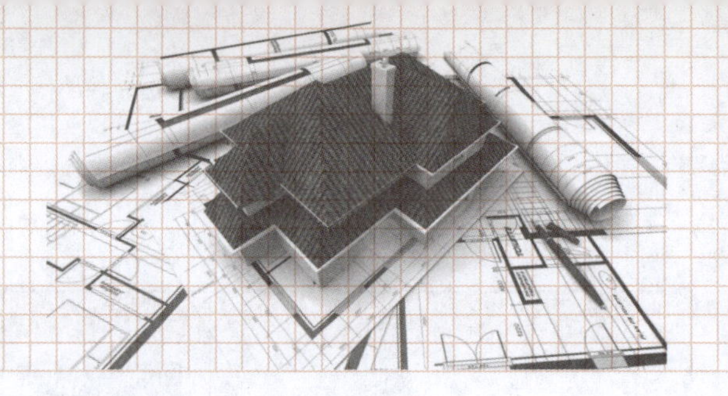

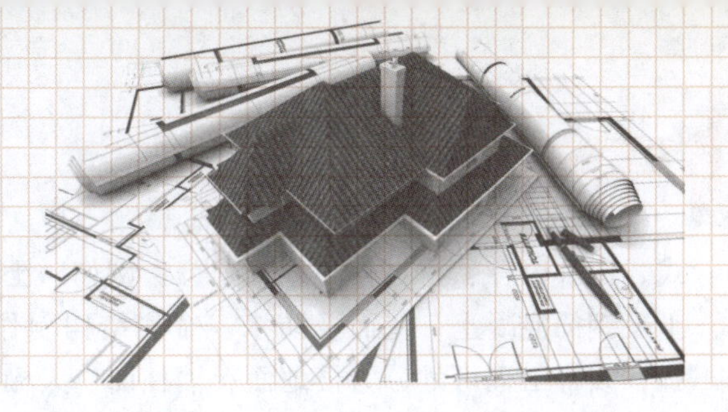

# 项目1

# 工程造价入门

## 任务1　建设项目概述

### 一、建设项目的分解

任何一项建设工程，就其投资构成或物质形态而言，是由众多部分组成的复杂而又有机结合的总体，相互存在许多外在和内在的联系。要对一项建设工程的投资耗费进行计量与计价，就必须对建设项目进行科学合理的分解，使之划分为若干简单、便于计算的部分或单元。另外，建设项目根据其产品生产的工艺流程和建筑物、构筑物不同的使用功能，按照设计规范要求也必须对建设项目进行必要而科学的分解，使设计符合工艺流程及使用功能的客观要求。

根据我国现行有关规定，建设项目按照合理确定工程造价和基本建设管理工作的需要，划分为建设项目、单项工程、单位工程、分部工程、分项工程五个层次。

#### 1. 建设项目

建设项目是指在一个总体设计或初步设计的范围内，由一个或若干个单项工程组成，经济上实行统一核算，行政上有独立机构或组织形式，实行统一管理的基本建设单位。一般以一个行政上独立的企事业单位作为一个建设项目，如一家工厂、一所学校等，并以该单位名称命名建设项目。

#### 2. 单项工程

单项工程是指具有单独的设计文件，建成后能够独立发挥生产能力和使用效益的工程。单项工程又称为工程项目，它是建设项目的组成部分。

工业建设项目的单项工程，一般是指能够生产出设计所规定的主要产品的车间或生产线，以及其他辅助或附属工程。例如，某机械厂的一个铸造车间或装配车间等。

民用建设项目的单项工程，一般是指能够独立发挥设计规定的使用功能和使用效益的各种建筑单体或独立工程。例如，某大学的一栋教学楼或实验楼、图书馆等。

#### 3. 单位工程

单位工程是指具有单独的设计文件，独立的施工条件，但建成后不能够独立发挥生产能力和使用效益的工程。单位工程是单项工程的组成部分，如房屋建筑单体中的一般土建工程、装饰装修工程、给水排水工程、电气照明工程、弱电工程、采暖通风空调工程以及煤气管道工程、园林绿化工程等均可以独立作为单位工程。

#### 4. 分部工程

分部工程是指各单位工程的组成部分。它一般根据建筑物、构筑物的主要部位、结构形式、工种内容、材料分类等来划分。例如，土建工程可划分为土石方、桩基础、砌筑、混凝土及钢筋混凝土、屋面及防水、金属结构制作及安装、构件运输及预制构件安装等分部工程；装饰工程可划分为楼地面、墙柱面、天棚面、门窗、油漆涂料等分部工程。分部工程在我国现行预算定额中一般表现为“章”。

#### 5. 分项工程

分项工程是指各分部工程的组成部分。它是工程计价的基本要素和概预算最基本的计量单元，是通过较为简单的施工过程就可以生产出来的建筑产品或构配件。例如，砌筑分部中的砖基础、一砖墙、砖柱等；混凝土及钢筋混凝土分部中的现浇混凝土基础、梁、板、柱以及钢筋制作安装等。分项工程没有独立存在的意义，它只是为了便于计算建筑工程造价而分解出来的“假定产品”。

在编制概预算时，各分项工程的费用由直接用于施工过程耗费的人工费、材料费、机具使用费所组成。

下面以某大学作为建设项目，来说明项目的分解过程，如图 1-1 所示。

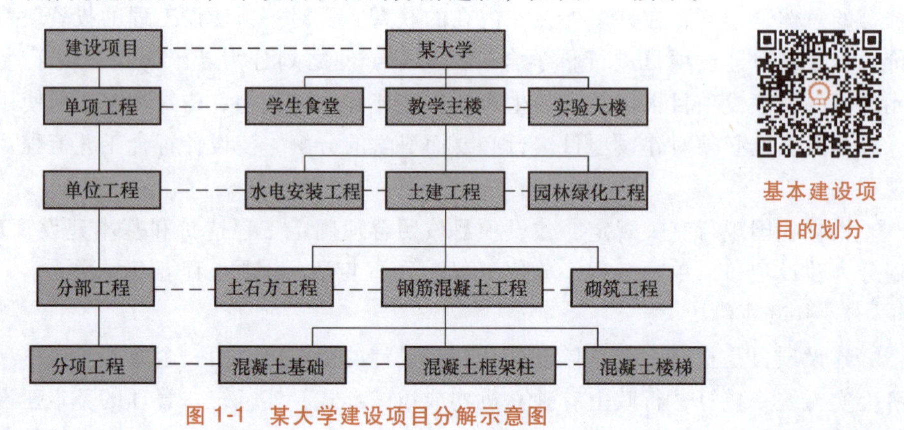


图 1-1　某大学建设项目分解示意图

## 二、建设程序

基本建设的建设程序

建设程序是指建设项目从策划决策、勘察设计、建设准备、施工、生产准备、竣工验收到考核评价的全过程中，各项工作必须遵循的先后次序。基本建设程序是人们在认识客观规律的基础上制订出来的，是建设项目科学决策和顺利实施的重要保证。

按照建设项目发展的内在联系和发展过程，基本建设程序分成若干阶段，这些阶段有严格的先后次序，可以合理交叉，但不能任意颠倒。

我国基本建设程序依次分为策划决策、勘察设计、建设准备、施工、生产准备、竣工验收和考核评价七个阶段。

### (一) 策划决策阶段

策划决策阶段又称为建设前期工作阶段，主要包括编报项目建议书和可行性研究报告两项工作内容。

#### 1. 编报项目建议书

项目建议书是要求建设某一具体工程项目的建议文件，是投资决策前对拟建项目的轮廓设想。编报项目建议书是项目建设最初阶段的工作，其主要作用是推荐建设项目，以便在一个确定的地区或部门内，以自然资源和市场预测为基础，选择建设项目。

项目建议书经批准后，可进行可行性研究工作，但并不表明项目非上不可，项目建议书不是项目的最终决策。

### 2. 可行性研究报告

可行性研究是指在项目建议书被批准后，对项目在技术上和经济上是否可行所进行的科学分析和论证。

可行性研究主要评价项目技术上的先进性和适用性、经济上的盈利性和合理性、建设的可能性和可行性，它是确定建设项目、进行初步设计的根本依据。可行性研究是一个由粗到细的分析研究过程，可以分为初步可行性研究和详细可行性研究两个阶段。

（1）初步可行性研究　初步可行性研究的目的是对项目初步评估进行专题辅助研究，广泛分析、筛选方案，界定项目的选择依据和标准，确定项目的初步可行性。通过编制初步可行性研究报告，判定是否有必要进行下一步的详细可行性研究。

（2）详细可行性研究　详细可行性研究为项目决策提供技术、经济、社会及商业方面的依据，是项目投资决策的基础。研究的目的是对建设项目进行深入细致的技术经济论证，重点对建设项目进行财务效益和经济效益的分析评价，经过多方案比较选择最佳方案，确定建设项目的最终可行性。本阶段的最终成果为可行性研究报告。

## （二）勘察设计阶段

### 1. 勘察阶段

根据建设项目初步选址建议，进行拟建场地的岩土、水文地质、工程测量、工程物探等方面的勘察，提出勘察报告，为设计做好充分准备。勘察报告主要包括拟建场地的工程地质条件、拟建场地的水文地质条件、场地和地基的建筑抗震设计条件、地基基础方案分析评价及相关建议、地下室开挖和支护方案评价及相关建议、降水对周围环境的影响、桩基工程设计与施工建议、其他合理化建议等内容。

### 2. 设计阶段

落实建设地点、通过设计招标或设计方案比选确定设计单位后，即开始进行初步设计文件的编制工作。根据建设项目的不同情况，设计过程一般划分为两个阶段，即初步设计阶段和施工图设计阶段，对于大型复杂项目，可根据不同行业的特点和需要，在初步设计之后增加技术设计阶段（扩大初步设计阶段）。初步设计是设计的第一步，如果初步设计提出的总概算超过可行性研究报告投资估算的 10% 以上或其他主要指标需要变动时，要重新报批可行性研究报告。初步设计经主管部门审批后，建设项目被列入国家固定资产投资计划，可进行下一步的施工图设计。

根据《建筑工程施工图设计文件审查暂行办法》（建设［2000］41 号）的规定，建设单位应当将施工图报送建设行政主管部门，由建设行政主管部门委托有关审查机构，进行结构安全和强制性标准、规范执行情况等内容的审查。施工图一经审查批准，不得擅自进行修改。如遇特殊情况需要进行涉及审查主要内容的修改时，必须重新报请原审批部门，由原审批部门委托审查机构审查后再批准实施。

## （三）建设准备阶段

广义的建设准备阶段包括对项目的勘察、设计、施工、资源供应、咨询服务等方面的采购及项目建设各种批文的办理。采购的形式包括招标采购和直接发包采购两种。鉴于勘察、设计的采购工作已落实于勘察设计阶段，此处的建设准备阶段的主要内容包括：落实征地、拆迁和平整场地，完成施工用水、电、通信、道路等接通工作，组织选择监理、施工单位及材料、设备供应商，办理施工许可证等。按规定做好建设准备，具备开工条件后，建设单位申请开工，即可进入施工阶段。

### （四）施工阶段

建设工程具备了开工条件并取得施工许可证后方可开工。通常，项目新开工时间，按设计文件中规定的任何一项永久性工程第一次正式破土开槽时间而定，不需开槽的以正式打桩作为开工时间，铁路、公路、水库等以开始进行土石方工程作为正式开工时间。

施工阶段的主要工作内容是组织土建工程施工及机电设备安装工作。在施工安装阶段，主要工作任务是按照设计进行施工安装，建成工程实体，实现项目质量、进度、投资、安全、环保等目标。具体内容包括：做好图纸会审工作，参加设计交底，了解设计意图，明确质量要求；选择合适的材料供应商；做好人员培训；合理组织施工；建立并落实技术管理、质量管理体系和质量保证体系；严格把好中间质量验收和竣工验收环节。

### （五）生产准备阶段

对于生产性建设项目，在其竣工投产前，建设单位应适时地组织专门班子或机构，有计划地做好生产或动用前的准备工作，包括招收、培训生产人员；组织有关人员参加设备安装、调试、工程验收；落实原材料供应；组建生产管理机构，健全生产规章制度等。生产准备是由建设阶段转入经营阶段的一项重要工作。

### （六）竣工验收阶段

工程竣工验收是全面考核建设成果，检验设计和施工质量的重要步骤，也是建设项目转入生产和使用的标志。根据国家规定，建设项目的竣工验收按规模大小和复杂程度分为初步验收和竣工验收两个阶段进行。规模较大、较复杂的建设项目应先进行初验，然后进行全项目的竣工验收。验收时可组成验收委员会或验收小组，由银行、物资、环保、劳动、规划、统计及其他有关部门组成，建设单位、接管单位、施工单位、勘察单位、监理单位参加验收工作。验收合格后，建设单位编制竣工决算，项目正式投入使用。

### （七）考核评价（后评价）阶段

建设项目后评价是工程项目竣工投产、生活运营一段时间后，对项目的立项决策、设计施工、竣工投产、生产运营和建设效益等进行系统评价的一种技术活动，是固定资产管理的一项重要内容，也是固定资产投资管理的最后一个环节。建设项目考核主要从影响评价、经济效益评价、过程评价三个方面进行，采用的基本方法是对比法。通过建设项目考核评价，可以达到肯定成绩、总结经验、研究问题、吸取教训、提出建议、改进工作、不断提高项目决策水平和投资效果的目的。

## 【小结】

本任务主要介绍了建设项目的划分和建设程序。重点应掌握基本建设项目的五层次划分方法以及相互关系，了解基本建设程序七个阶段的主要工作内容。

## 【思考与练习题】

### 一、单项选择题

1. 按照合理确定工程造价和基建管理工作的需要对项目进行划分，综合楼工程属于（　　）。

A. 单项工程　　B. 单位工程　　C. 分部工程　　D. 分项工程

2. 按照合理确定工程造价和基建管理工作的需要对项目进行划分，综合楼水电安装工程属于（　　）。

A. 单项工程　　B. 单位工程　　C. 分部工程　　D. 分项工程

3. 按照合理确定工程造价和基建管理工作的需要对项目进行划分，综合楼抛光砖地面工程属于（　　）。

A. 单项工程　　B. 单位工程　　C. 分部工程　　D. 分项工程

4. 按照合理确定工程造价和基建管理工作的需要对项目进行划分，综合楼楼地面工程属于（　　）。

A. 单项工程　　B. 单位工程　　C. 分部工程　　D. 分项工程

5. “三通一平”是在建设程序的（　　）阶段实施的。

A. 建设准备阶段　B. 施工阶段　　C. 生产准备阶段　D. 勘察阶段

### 二、简答题

1. 建设项目是如何划分的？举例说明。

2. 建设程序是指什么？它由哪几个阶段组成？

### 三、判断题

1. 车库内墙面粉刷工程属于分部工程。（　　）

2. 职工宿舍楼屋面工程属于分项工程。（　　）

3. 食品加工车间工程属于单项工程。（　　）

4. 食堂水电安装工程属于单位工程。（　　）

# 任务 2　工程造价的确定

## 一、工程造价的概念

工程造价概念

### （一）工程造价的含义

在《工程造价术语标准》（GB/T 50875—2013）中，工程造价是指工程项目在建设期预计或实际支出的建设费用。

在实际使用中，工程造价有如下两种含义：

#### 1. 建设投资费用

建设投资费用即指广义的工程造价。从投资者或业主的角度来定义，工程造价是指有计划地建设某项工程，预期开支或实际开支的全部固定资产投资的费用。投资者选定一个投资项目，为了获得预期的效益，就要通过项目评估进行决策，然后进行设计招标、工程招标，直至竣工验收等一系列投资管理活动。在投资活动中所支付的全部费用形成了固定资产，所有这些开支就构成了工程造价。

根据《建设项目经济评价方法与参数（第三版）》（发改投资［2006］1325号）的规定，建设投资包括工程费用、工程建设其他费用和预备费三部分。

工程费用是指建设期内直接用于工程建造、设备购置及其安装的建设投资，可以分为建筑安装工程费和设备及工器具购置费；工程建设其他费用是指建设期发生的与土地使用权取得、整个工程项目建设以及未来生产经营有关的构成建设投资但不包括在工程费用中的费用；预备费是指在建设期内为各种不可预见因素的变化而预留的可能增加的费用，包括基本预备费和涨价预备费（又称价差预备费）。

#### 2. 工程建造价格

工程建造价格即指狭义的工程造价。从承包商、供应商、设计市场供给主体的角度来定义，工程造价是指为建设某项工程，预计或实际在土地市场、设备市场、技术劳务市场、承包市场等交易活动中所形成的建筑安装工程费，是建设投资费用的组成部分之一。

工程造价的两种含义是对客观存在的概括。它们既共生于一个统一体，又相互区别。最主要的区别在于需求主体和供给主体在市场追求的经济利益不同，因而管理的性质和管理目标不同。站在投资者或业主的角度，降低工程造价是始终如一的追求。站在承包商的角度，他们关注利润或者高额利润，会去追求较高的工程造价。不同的管理目标，反映他们不同的经济利益，但他们都要受支配价格运动的经济规律的影响和调节，他们之间的矛盾是市场变争机制和利益风险机制的必然反映。

### （二）工程造价的特点

#### 1. 大额性

任何一项建设工程，不仅实物形态庞大，而且造价高昂，需投资几百万、几千万甚至上亿的资金。工程造价的大额性关系到多方面的经济利益，同时也对社会宏观经济产生重大影响。

#### 2. 单个性

任何一项建设工程都有特殊的用途，其功能、用途各不相同，因而使得每一项工程的结构、造型、平面布置、设备配置和内外装饰都有不同的要求。工程内容和实物形态的个别差异决定了工程造价的单个性。

#### 3. 动态性

任何一项建设工程从决策到竣工交付使用，都会有一个较长的建设周期，在这一期间工程变更、材料价格波动、费率变动都会引起工程造价的变动，直至竣工决算后才能最终确定工程的实际造价。建设周期长，资金的时间价值突出，这体现了工程造价的动态性。

#### 4. 层次性

一项建设工程往往含有多个单项工程，一个单项工程又由多个单位工程组成。与此相适应，工程造价也存在三个对应层次，即建设项目总造价、单项工程造价和单位工程造价，这就是工程造价的层次性。

#### 5. 兼容性

一项建设工程往往包含许多的工程内容，不同工程内容的组合、兼容就能适应不同的工程要求。工程造价由多种费用以及不同工程内容的费用组合而成，具有很强的兼容性。

### （三）工程造价的作用

1）工程造价是项目决策的依据。

2）工程造价是制订投资计划和控制投资的依据。

3）工程造价是筹集建设资金的依据。

4）工程造价是评价投资效果的重要指标。

## 二、工程造价的构成

工程造价包含工程项目按照确定的建设内容、建设规模、建设标准、功能与使用要求全部建成并经验收合格交付使用所需的全部费用。它是构成建设工程造价的主要内容，包括购买工程项目所需各种设备的费用，建筑安装施工所需支出的费用，购置土地所需要的费用等，也包括建设单位进行项目管理和筹建所需的费用等。

按照《建设项目经济评价与参数（第三版）》（发改投资［2006］1325 号）的规定，我国现行工程造价主要由设备及工器具购置费用、建筑安装工程费用、工程建设其他费用、预备费、建设期贷款利息、固定资产投资方向调节税（目前暂停征收）等组成，如图 1-2 所示。

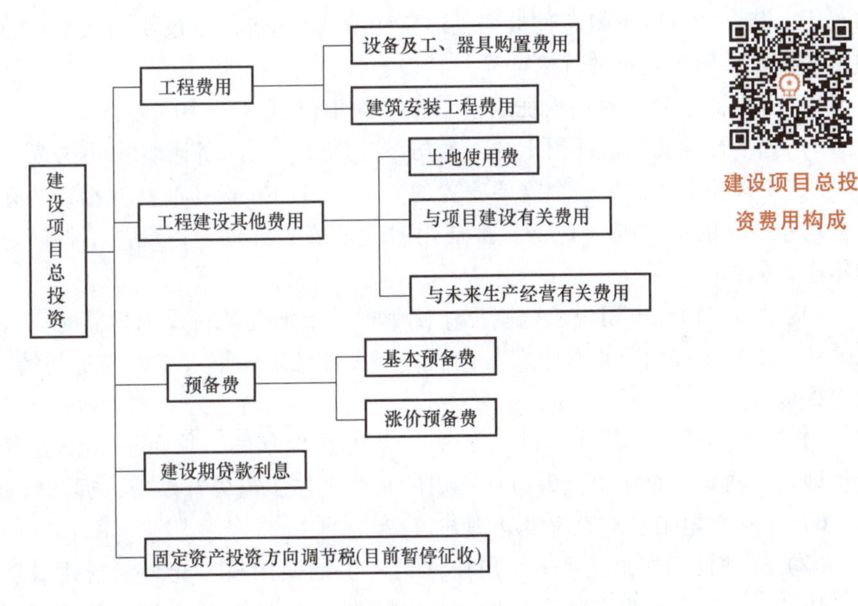


图 1-2　建设工程费用组成

### （一）工程费用

#### 1. 设备及工器具购置费用

设备及工器具购置费用是指为建设项目购置或自制的达到固定资产标准的各种国产或进口设备、工具、器具的购置费用。

设备购置费 = 设备原价 + 设备运杂费

设备原价：国产设备或进口设备的原价。

设备运杂费：除设备原价之外的关于设备运输、途中包装及仓库保管等方面支出费用的总和。

### 2. 建筑安装工程费用

建筑安装工程费用又称建筑安装工程造价，由直接费、间接费、利润和税金 4 部分组成。具体内容详见本项目任务 2 三。

## （二）工程建设其他费用

工程建设其他费用是指从工程筹建起到工程竣工验收交付使用止的整个建设期间，除建筑安装工程费用和设备及工、器具购置费用以外的，为保证工程建设顺利完成和交付使用后能够正常发挥效用而发生的各项费用。按其内容大体可分为三类：土地使用费、与项目建设有关的其他费用和与未来企业生产经营有关的其他费用。

### 1. 土地使用费

任何一个建设项目都固定于一定地点与地面相连接，必须占用一定量的土地，也就必然要发生为获得建设用地而支付的费用，这就是土地使用费。它是指通过划拨方式取得土地使用权而支付的土地征用及迁移补偿费，或者通过土地使用权出让方式取得土地使用权而支付的土地使用权出让金。

（1）土地征用及迁移补偿费——划拨方式　土地征用及迁移补偿费，是指建设项目通过划拨方式取得无限期的土地使用权，依照《中华人民共和国土地管理法》等规定所支付的费用。其总和一般不得超过被征土地年产值的 20 倍，土地年产值则按该地被征用前 3 年的平均产量和国家规定的价格计算。其内容包括：

1）土地补偿费（耕地被征用前三年平均年产值的 6~10 倍）。

2）青苗补偿费和被征用土地上的房屋、水井、树木等附着物补偿费。

3）安置补助费：每一个需要安置的农业人口的安置补助费标准，为该耕地被征用前三年平均年产值的 2~3 倍。但是，被征用耕地的安置补助费，最高不得超过被征用前三年平均年产值的 10 倍。

4）缴纳的耕地占用税或城镇土地使用税、土地登记费及征地管理费等。县市土地管理机关从征地费中提取土地管理费的比率，要按征地工作量大小，视不同情况，在 1%~4% 幅度内提取。

5）征地动迁费：征用土地上的房屋及附属构筑物、城市公共设施等拆除、迁建补偿费、搬迁运输费，企业单位因搬迁造成的减产、停工损失补贴费，拆迁管理费等。

6）水利水电工程水库淹没处理补偿费。

（2）土地使用权出让金——出让方式　土地使用权出让金，指建设项目通过土地使用权出让方式，取得有限期的土地使用权，依照《中华人民共和国城镇国有土地使用权出让和转让暂行条例》规定，支付的土地使用权出让金。

1）明确国家是城市土地的唯一所有者，并分层次、有偿、有限期地出让、转让城市土地。

第一层次是城市政府将国有土地使用权出让给用地者，该层次由城市政府垄断经营。出让对象可以是有法人资格的企事业单位，也可以是外商。

第二层次及以下层次的转让则发生在使用者之间。

2）出让或转让方式：协议、招标、公开拍卖。

协议方式是由用地单位申请，经市政府批准同意后双方洽谈具体地块及地价。该方式适用于市政工程、公益事业用地以及需要减免地价的机关、部队用地和需要重点扶持、优先发展的产业用地。

招标方式是在规定的期限内，由用地单位以书面形式投标，市政府根据投标报价、所提供的规划方案以及企业信誉综合考虑，择优而取。该方式适用于一般工程建设用地。

公开拍卖是指在指定的地点和时间，由申请用地者叫价应价，价高者得。这完全是由市场竞争决定，适用于盈利高的行业用地。

3）关于地价：在有偿出让和转让土地时，政府对地价不作统一规定，但应坚持以下原则：①地价对目前的投资环境不产生大的影响；②地价与当地的社会经济承受能力相适应；③地价要考虑已投入的土地开发费用、土地市场供求关系、土地用途和使用年限。

4）年限：有限。关于政府有偿出让土地使用权的年限，各地可根据时间、区位等各种条件作不同的规定，一般可在30~99年。按照地面附属建筑物的折旧年限来看，以50年为宜。通常，居住用地为70年，工业用地为50年，教育、科技、文化、卫生、体育用地为50年，商业、旅游、娱乐用地为40年，综合或其他用地为50年。

5）土地有偿出让和转让，土地使用者和所有者要签约，明确使用者对土地享有的权利和对土地所有者应承担的义务。

① 有偿出让和转让使用权，要向土地受让者征收契税。

② 转让土地如有增值，要向转让者征收土地增值税。

③ 在土地转让期间，国家要区别不同地段，不同用途向土地使用者收取土地占用费。

#### 2. 与项目建设有关的其他费用

根据项目的不同，与项目建设有关的其他费用的构成也不尽相同，一般包括以下各项（在进行工程估算及概算中可根据实际情况进行计算）：建设单位管理费、勘察设计费、研究试验费、建设单位临时设施费、工程监理费、工程保险费、引进技术和进口设备其他费用、工程承包费。

（1）建设单位管理费　建设单位管理费是指建设项目从立项、筹建、建设、联合试运转、竣工验收交付使用及后评估等全过程管理所需费用。

1）建设单位管理费内容包括：

① 建设单位开办费，指新建项目为保证筹建和建设工作正常进行所需办公设备、生活家具、用具、交通工具等购置费用。

② 建设单位经费，包括工作人员的基本工资、工资性补贴、职工福利费、劳动保护费、劳动保险费、办公费、差旅交通费、工会经费、职工教育经费、固定资产使用费、工具用具使用费、技术图书资料费、生产人员招募费、工程招标费、合同契约公证费、工程质量监督检测费、工程咨询费、法律顾问费、审计费、业务招待费、排污费、竣工交付使用清理及竣工验收费、后评估费等。不包括应计入设备、材料预算价格的建设单位采购及保管设备材料所需的费用。

2）建设单位管理费计算方法：

建设单位管理费=单项工程费用（包括设备工器具购置费+建筑安装工程费用）×建设单位管理费费率

其中，建设单位管理费费率按照建设项目的不同性质、不同规模确定。

（2）勘察设计费　勘察设计费是指为本建设项目提供项目建议书、可行性研究报告及设计文件等所需费用。

1）勘察设计费内容包括：

① 编制项目建议书、可行性研究报告及投资估算、工程咨询、评价以及为编制上述文件所进行勘察、设计、研究试验等所需费用。

② 委托勘察、设计单位进行初步设计、施工图设计及概预算编制等所需费用。

③ 在规定范围内由建设单位自行完成的勘察、设计工作所需费用。

2）勘察设计费计算方法：

① 项目建议书、可行性研究报告按国家颁布的收费标准计算。

② 设计费按国家颁布的工程设计收费标准计算。

③ 勘察费一般民用建筑6层以下的按3~5元/$m^2$计算，高层建筑按8~10元/$m^2$计算，工业建筑按10~12元/$m^2$计算。

（3）研究试验费　研究试验费是指为建设项目提供和验证设计参数、数据、资料等所进行的必要的试验费用以及设计规定在施工中必须进行试验、验证所需费用。包括自行或委托其他部门研究试验所需人工费、材料费、试验设备及仪器使用费等。

这项费用按照设计单位根据本工程项目的需要提出的研究试验内容和要求计算。

（4）建设单位临时设施费　建设单位临时设施费是指建设期间建设单位所需临时设施的搭设、维修、摊销费用或租赁费用。计算方法：

建设单位临时设施费=单项工程费×临时设施费费率

（5）工程监理费　工程监理费是指建设单位委托工程监理单位对工程实施监理工作所需费用。

1）一般情况应按工程建设监理收费标准计算，即按所监理工程概算或预算的百分比计算，通常情况下设计阶段监理收费费率为概（预）算的0.03%~0.20%，施工阶段监理收费费率为概（预）算的0.60%~2.5%。

2）对于单工种或临时性项目可根据参与监理的年度平均人数按3~5万元/人·年计算。

（6）工程保险费　工程保险费是指建设项目在建设期间根据需要实施工程保险所需的费用，包括以各种建筑工程及其在施工过程中的物料、机器设备为保险标的的建筑工程一切险，以安装工程中的各种机器、机械设备为保险标的的安装工程一切险，以及机器损坏保险等。计算方法：

工程保险费=单项工程费×工程保险费费率

（7）引进技术和进口设备其他费用

1）出国人员费用，指为引进技术和进口设备派出人员在国外培训和进行设计联络、设备检验等的差旅费、制装费、生活费等。这项费用根据设计规定的出国培训和工作的人数、时间及派往国家，按财政部、外交部规定的临时出国人员费用开支标准及中国民用航空公司现行国际航线票价等进行计算，其中使用外汇部分应计算银行财务费用。

2）国外工程技术人员来华费用，指为安装进口设备，引进国外技术等聘用外国工程技术人员进行技术指导工作所发生的费用，包括技术服务费，外国技术人员的在华工资、生活补贴、差旅费、医药费、住宿费、交通费等费用。这项费用按每人每月费用指标计算。

3）技术引进费，指为引进国外先进技术而支付的费用，包括专利费、专有技术费（技术保密费)、国外设计及技术资料费、计算机软件费等。这项费用根据合同或协议的价格计算。

4）分期或延期付款利息，指利用出口信贷引进技术或进口设备采取分期或延期付款的办法所支付的利息。

5）担保费，指国内金融机构为买方出具保函的担保费。这项费用按有关金融机构规定的担保费率计算（一般可按承保金额的5%计算）。

6）进口设备检验鉴定费用，指进口设备按规定付给商品检验部门的进口设备检验鉴定费。这项费用按进口设备货价的3%～5%计算。

（8）工程承包费　工程承包费是指具有总承包条件的工程公司，对工程建设项目从开始建设至竣工投产全过程的总承包所需的管理费用。具体内容包括组织勘察设计、设备材料采购、非标设备设计制造与销售、施工招标、发包、工程预决算、项目管理、施工质量监督、隐蔽工程检查、验收和试车直至竣工投产的各种管理费用。

一般工业建设项目为投资估算的6%～8%，民用建筑（包括住宅建设）和市政项目为4%～6%。不实行工程总承包的项目不计算本项费用。

### 3. 与未来生产经营有关的其他费用

（1）联合试运转费　联合试运转费指新建企业或新增加生产工艺过程的扩建企业在竣工验收前，按照设计规定的工程质量标准，进行整个车间的负荷或无负荷联合试运转所发生的费用支出大于试运转收入的亏损部分。

（2）生产准备费　生产准备费指新建企业或新建生产能力的企业，为保证竣工交付使用而进行必要的生产准备所发生的费用。包括：

1）生产人员培训费，包括自行培训、委托其他单位培训的人员的工资、工资性补贴、职工福利费、差旅交通费、学习资料费、学习费、劳动保护费等。

2）生产单位提前进厂参加施工、设备安装、调试等，以及熟悉工艺流程及设备性能等人员的工资、工资性补贴、职工福利费、差旅交通费、劳动保护费等。

（3）办公和生活家具购置费　办公和生活家具购置费指为保证新建、改扩建项目初期正常生产、使用和管理，所必须购置的办公和生活家具、用具的费用。

范围包括行政、生产部门的办公室、会议室、资料档案室、阅览室、文娱室、食堂、浴室、理发室、单身宿舍、行车公寓和设计规定必须建设的托儿所、卫生所、招待所、中小学校、医院等的家具用具。不包括应由企业管理费、奖励基金或行政开支的改扩建项目所需的办公和生活用家具购置费。

## （三）预备费

预备费包括基本预备费和涨价预备费。

### 1. 基本预备费

基本预备费是针对在项目实施过程中可能发生难以预料的支出，需要实现预留的费用，又称工程建设不可预见费，主要指设计变更及施工过程中可能增加工程量的费用。

（1）主要内容　基本预备费主要包括以下几个方面的费用：

1）在进行设计和施工过程中，在批准的初步设计范围内，必须增加的工程和按规定需要增加的费用（含相应增加的价差及税金）。本项费用不含Ⅰ类变更设计增加的费用。

2）在建设过程中，工程遭受一般自然灾害所造成的损失和为预防自然灾害所采取的措施费用。

3）在上级主管部门组织施工验收时，验收委员会（或小组）为鉴定工程质量，必须开挖和修复隐蔽工程的费用。

4）由于设计变更所引起的废弃工程费用，但不包括施工质量不符合设计要求而造成的返工费用和废弃工程。

5）征地、拆迁的价差。

（2）计算方法

基本预备费=（设备及工器具购置费+建筑安装工程费+工程建设其他费）×基本预备费率

**2. 涨价预备费**

涨价预备费是指建设项目在建设期间内由于价格等变化引起工程造价变化的预测预留费用。包括：人工费、设备、材料、施工机械价差，建筑安装工程费及工程建设其他费用调整，利率、汇率调整等。

### （四）建设期贷款利息

当总贷款是分年均衡发放时，建设期利息的计算可按当年借款在年中支用考虑，即当年贷款按半年计息，上年贷款按全年计息。其特点：①建设期内只贷不还；②分年均衡发放。

建设期贷款利息

贷款利息计算公式：

$$Q=\sum_{j=1}^{n}\left(P_{j-1}+\frac{A_j}{2}\right)i$$

式中 $Q$——建设期利息；

$P_{j-1}$——建设期第 $j$-1 年末贷款本金与利息之和；

$A_j$——建设期第 $j$ 年贷款金额；

$n$——建设期年份数；

$i$——年利率。

**【例 1-1】** 某新建项目，建设期为 3 年，分年均衡贷款，第 1 年贷款 300 万元，第 2 年贷款 600 万元，第 3 年贷款 400 万元，年利率为 12%，试计算建设期贷款利息。

**解：** 第 1 年利息

$$q_1=A_1/2\times i=300/2\times 12\%=18(\text{万元})$$

第 2 年利息

$$q_2=(p_1+A_2/2)\times i=(300+18+600/2)\times 12\%=74.16(\text{万元})$$

第 3 年利息

$$q_3=(p_2+A_3/2)\times i=(300+18+600+74.16+400/2)\times 12\%=143.06(\text{万元})$$

建设期贷款利息：18+74.16+143.06=235.22（万元）

## 三、建筑安装工程费用的构成

根据《建筑安装工程费用项目组成》［建标（2013）44 号］文件规定，建筑安装工程费用项目组成可按照费用构成要素和工程造价形成要素进行划分。

### （一）按费用构成要素划分

建筑安装工程费按照费用构成要素划分由人工费、材料及工程设备费、施工机具使用费、企业管理费、利润、规费和税金组成。其中人工费、材料及工程设备费、施工机具使用费、企业管理费和利润包含在分部分项工程费、措施项目费、其他项目费中，如图 1-3 所示。

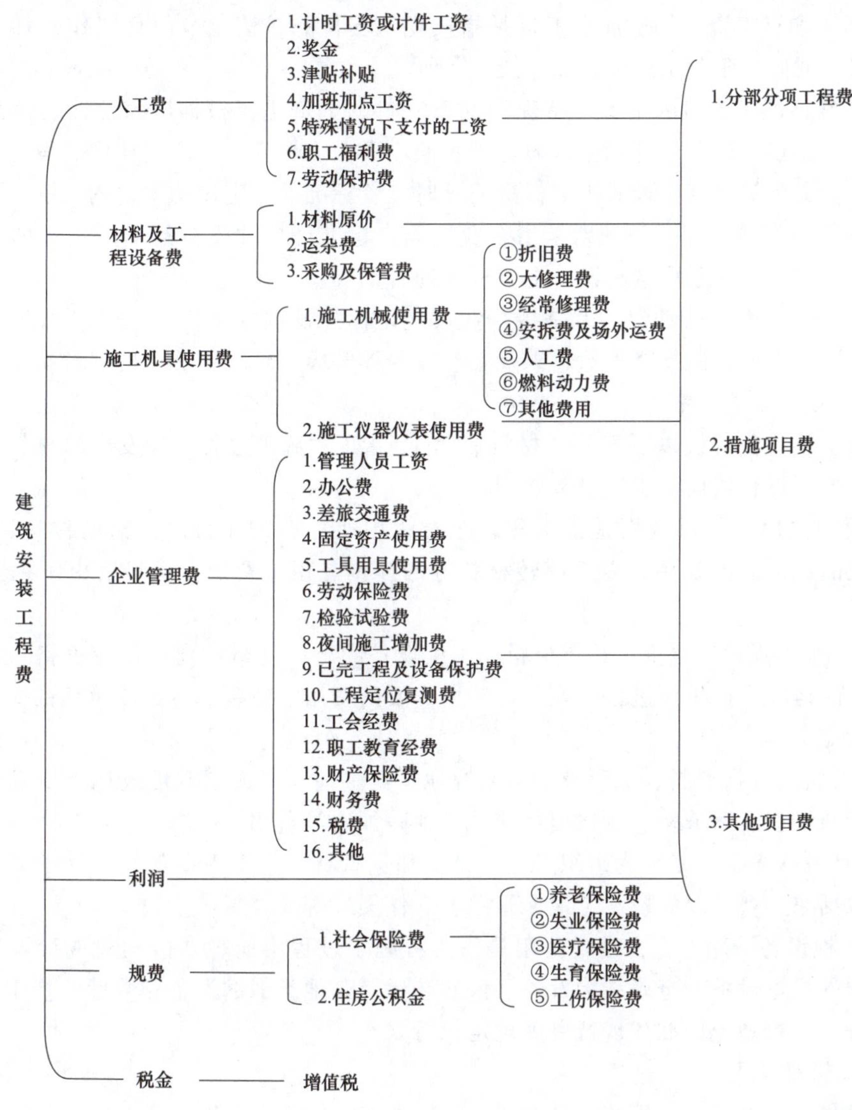


图 1-3 建筑安装工程费用项目组成表（按费用构成要素划分）

#### 1. 人工费

建筑安装工程费用的构成（按费用的构成要素划分）

人工费是指按工资总额构成规定，支付给从事建筑安装工程施工的生产工人和附属生产单位工人的各项费用（包含个人缴纳的社会保险费与住房公积金）。内容包括：

（1）计时工资或计件工资　计时工资或计件工资是指按计时工资标准和工作时间或对已做工作按计件单价支付给个人的劳动报酬。

(2) 奖金　奖金是指对超额劳动和增收节支支付给个人的劳动报酬，如节约奖、劳动竞赛奖等。

(3) 津贴补贴　津贴补贴是指为了补偿职工特殊或额外的劳动消耗和因其他特殊原因支付给个人的津贴，以及为了保证职工工资水平不受物价影响支付给个人的物价补贴。如流动施工津贴、特殊地区施工津贴、高温（寒）作业临时津贴、高空津贴等。

(4) 加班加点工资　加班加点工资是指按规定支付的在法定节假日工作的加班工资和在法定日工作时间外延时工作的加点工资。

(5) 特殊情况下支付的工资　特殊情况下支付的工资是指根据国家法律、法规和政策规定，因病、工伤、产假、计划生育假、婚丧假、事假、探亲假、定期休假、停工学习、执行国家或社会义务等原因按计时工资标准或计时工资标准的一定比例支付的工资。

(6) 职工福利费　职工福利费是指企业按规定标准计提并支付给生产工人的集体福利费、夏季防暑降温、冬季取暖补贴、上下班交通补贴等。

(7) 劳动保护费　劳动保护费是指企业按规定标准发放的生产工人劳动保护用品的支出。如工作服、手套、防暑降温饮料以及在有碍身体健康的环境中施工的保健费用等。

### 2. 材料及工程设备费

材料及工程设备费（以下简称“材料费”）是指工程施工过程中所发生的材料、工程设备的费用，包括材料费用和工程设备费用。

(1) 材料费用　材料费用是指工程施工过程中所耗费的原材料、辅助材料、构配件、零件、半成品或成品的费用，以及周转材料等的摊销、租赁费用。材料费由下列三项费用组成：

1）材料及工程设备原价：是指材料、工程设备的出厂价格或商家供应价格。原价包括为方便材料的运输和保护而进行必要的包装所需要的费用；包装品有回收价值的，应在材料价格中扣除。

2）运杂费：是指材料、工程设备自来源地运至工地仓库或指定堆放地点所发生的全部费用，包括装卸费、运输费、运输损耗费及其他附加费等费用。

3）采购及保管费：是指为组织采购、供应和保管材料、工程设备的过程中所需要的各项费用，包括采购费、仓储费、工地保管费、仓储损耗等。

(2) 工程设备费用　工程设备费用是指工程施工过程中所耗费的构成或计划构成永久工程一部分的机电设备、金属结构设备、仪器装置及其他类似的设备和装置的费用。常用建设工程设备、材料划分标准按现行有关规定执行。

### 3. 施工机具使用费

施工机具使用费（以下简称“机械费”）是指施工作业所发生的施工机械、仪器仪表使用费或其租赁费，包括施工机械使用费和施工仪器仪表使用费。

(1) 施工机械使用费　施工机械使用费是指施工机械作业发生的使用费或租赁费。施工机械使用费以施工机械台班耗用量与施工机械台班单价的乘积表示，施工机械台班单价由下列七项费用组成：

1）折旧费：是指施工机械在规定的耐用总台班内，陆续收回其原值的费用。

2）大修理费：是指施工机械按规定的大修理间隔台班进行必要的大修理，以恢复其正常功能所需的费用。

3）经常修理费：指施工机械除大修理以外的各级保养和临时故障排除所需要的费用。包括为保障机械正常运转所需替换设备与随机配备工具附具的摊销和维护费用，机械运转中日常保养所需润滑与擦拭的材料费用及机械停滞期间的维护和保养费用等。

4）安拆费及场外运费：安拆费是指施工机械在现场进行安装与拆卸所需的人工、材料、机械和试运转费用以及机械辅助设施的折旧、搭设、拆除等费用；场外运费是指施工机械整体或分体自停放地点运至施工现场或由一施工地点运至另一施工地点的运输、装卸、辅助材料等费用。

5）人工费：是指机上司机（司炉）和其他操作人员的人工费。

6）燃料动力费：是指施工机械在运转作业中所耗用的燃料及水电等费用。

7）其他费用：指施工机械按照国家和有关部门规定应缴纳的车船使用税、保险费及年检费用等。

（2）施工仪器仪表使用费　施工仪器仪表使用费是指工程施工所发生的仪器仪表使用费或租赁费。施工仪器仪表使用费以施工仪器仪表台班耗用量与施工仪器仪表台班单价的乘积表示，施工仪器仪表台班单价由折旧费、维护费、校验费和动力费组成。

### 4. 企业管理费

企业管理费是指建筑安装企业组织施工生产和经营管理所需的费用。内容包括：

1）管理人员工资：是指按规定支付给管理人员的计时工资、奖金、津贴补贴、加班加点工资、特殊情况下支付的工资及相应职工福利费、劳动保护费等。

2）办公费：是指企业管理办公用的文具、纸张、账表、印刷、邮电、书报、办公软件、现场监控、会议、水电、烧水和集体取暖降温（包括现场临时宿舍取暖降温）等费用。

3）差旅交通费：是指职工因公出差、调动工作的差旅费、住勤补助费，市内交通费和误餐补助费，职工探亲路费，劳动力招募费，职工退休、退职一次性路费，工伤人员就医路费，工地转移费以及管理部门使用的交通工具的油料、燃料等费用。

4）固定资产使用费：是指管理和试验部门及附属生产单位使用的属于固定资产的房屋、设备、仪器等的折旧、大修、维修或租赁费。

5）工具用具使用费：是指企业施工生产和管理使用的不属于固定资产的工具、器具、家具、交通工具和检验、试验、测绘、消防用具等的购置、维修和摊销费。

6）劳动保险费：是指由企业支付的职工退职金、按规定支付给离休干部的经费等。

7）检验试验费：是指施工企业按照有关标准规定，对建筑以及材料、构件和建筑安装物进行一般鉴定、检查所发生的费用，包括自设试验室进行试验所耗用的材料等费用。

8）夜间施工增加费：是指因施工工艺要求必须持续作业而不可避免的夜间施工所增加的费用，包括夜班补助费、夜间施工降效、夜间施工照明、设备摊销及照明用电等费用。

9）已完工程及设备保护费：是指竣工验收前，对已完工程及设备采取的必要保护措施所发生的费用。

10）工程定位复测费：是指工程施工过程中进行全部施工测量放线和复测工作的费用。

11）工会经费：是指企业按《工会法》规定的全部职工工资总额比例计提的工会经费。

12）职工教育经费：是指按职工工资总额的规定比例计提，企业为职工进行专业技术和职业技能培训，专业技术人员继续教育、职工职业技能鉴定、职业资格认定以及根据需要对职工进行各类文化教育所发生的费用。

13）财产保险费：是指施工管理用财产、车辆等的保险费用。

14）财务费：是指企业为施工生产筹集资金或提供预付款担保、履约担保、职工工资支付担保等所发生的各种费用。

15）税费：是指根据国家税法规定应计入建筑安装工程造价内的城市维护建设税、教育费附加和地方教育附加，以及企业按规定缴纳的房产税、车船使用税、土地使用税、印花税、环保税等。

16）其他：包括技术转让费、技术开发费、投标费、业务招待费、绿化费、广告费、公证费、法律顾问费、审计费、咨询费、保险费（包括危险作业意外伤害保险）等。

#### 5. 利润

利润是指施工企业完成所承包工程获得的盈利。

#### 6. 规费

规费是指按国家法律、法规规定，由省级政府和省级有关权力部门规定必须缴纳的，应计入建筑安装工程造价内的费用。内容包括：

（1）社会保险费

1）养老保险费：是指企业按照规定标准为职工缴纳的基本养老保险费。

2）失业保险费：是指企业按照规定标准为职工缴纳的失业保险费。

3）医疗保险费：是指企业按照规定标准为职工缴纳的基本医疗保险费。

4）生育保险费：是指企业按照规定标准为职工缴纳的生育保险费。

5）工伤保险费：是指企业按照规定标准为职工缴纳的工伤保险费。

（2）住房公积金　住房公积金是指企业按规定标准为职工缴纳的住房公积金。

（3）其他应列而未列入的规费　其他应列而未列入的规费应按实际发生计取。

#### 7. 增值税

增值税是指国家税法规定的应计入建筑安装工程造价内的建筑服务增值税。

### （二）按工程造价形成划分

建筑安装工程费按照工程造价形成，由分部分项工程费、措施项目费、其他项目费、规费和增值税组成，如图 1-4 所示。其中，措施项目费包括施工技术措施项目费和施工组织措施项目费。

#### 1. 分部分项工程费

分部分项工程费是指根据设计规定，按照施工验收规范、质量评定标准的要求，完成构成工程实体所耗费或发生的各项费用，包括人工费、材料费、机械费和企业管理费、利润。

#### 2. 措施项目费

措施项目费是指为完成建筑安装工程施工，按照安全操作规程、文明施工规定的要求，发生于该工程施工前和施工过程中用作技术、生活、安全、环境保护等方面非工程实体项目的费用，由施工技术措施费和施工组织措施费组成。措施费对不同企业、不同工程来说，可能发生，也可能不发生，需要根据具体的情况加以确定，包括人工费、材料费、机械费和企业管理费、利润。

（1）施工技术措施项目费

1）通用施工技术措施项目费：①大型机械设备进出场及安拆费，是指机械整体或分体自停放场地运至施工现场或由一个施工地点运至另一个施工地点，所发生的机械进出场运

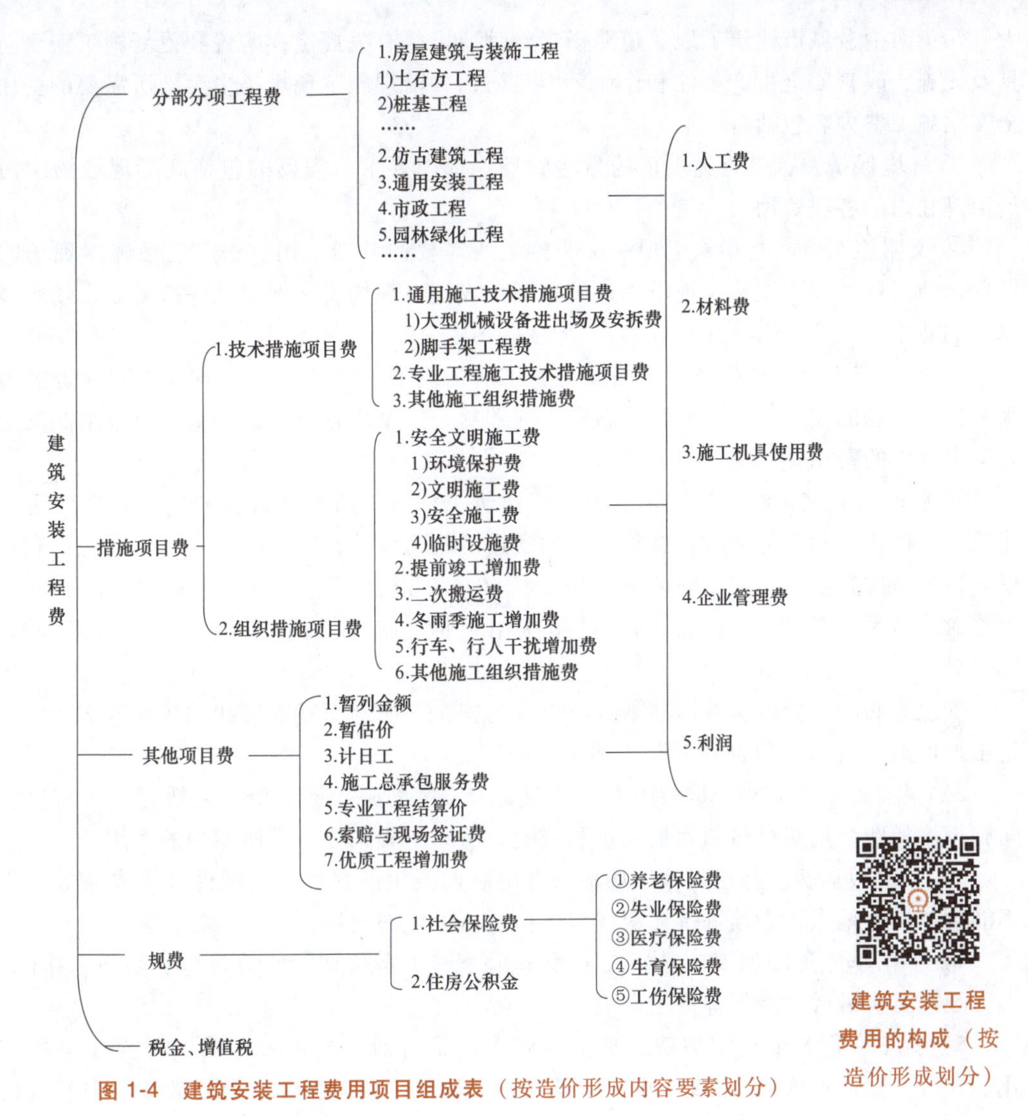


图 1-4　建筑安装工程费用项目组成表（按造价形成内容要素划分）

输、转移费用及机械在施工现场进行安装、拆卸所需的人工费、材料费、机械费、试运转费和安装所需的辅助设施的费用；②脚手架工程费，是指施工需要的各种脚手架搭、拆、运输费用以及脚手架购置费的摊销（或租赁）费用。

2）专业工程施工技术措施项目费：是指根据各专业工程现行国家工程量清单计算规范或本省计价定额以及相应有关规定，列入各专业工程措施项目的属于施工技术措施的费用。

3）其他施工技术措施项目费：是指根据各专业、地区及工程特点补充的施工技术措施项目的费用。

施工技术措施项目按实施要求划分，可分为施工技术常规措施项目和施工技术专项措施项目。其中，施工技术专项措施项目是指根据设计或建设主管部门的规定，需由承包人提出专项方案并经论证、批准后方能实施的施工技术措施项目，如深基坑支护、高支模承重架、大型施工机械设备（塔吊、施工电梯、龙门吊、架桥机等）基础（含桩基础）等。

（2）施工组织措施项目费

1）安全文明施工费：是指按照国家现行的建筑施工安全、施工现场环境与卫生标准和大气污染防治及城市建筑工地、道路扬尘管理要求等有关规定，购置和更新施工安全防护用具及设施、改善安全生产条件和作业环境、防治并治理施工现场扬尘污染所需要的费用。安全文明施工费内容包括：

① 环境保护费，是指施工现场为达到环保部门要求所需要的包括施工现场扬尘污染防治治理在内的各项费用。

② 文明施工费，是指施工现场文明施工所需要的各项费用。一般包括施工现场的标牌设置，施工现场地面硬化，现场周边设立围护设施，现场安全保卫及保持场貌、场容整洁等发生的费用。

③ 安全施工费，是指施工现场安全施工所需要的各项费用。一般包括安全防护用具和服装施工现场的安全警示、消防设施和灭火器材，安全教育培训，安全检查及编制安全措施方案等发生的费用。

④ 临时设施费，是指施工企业为进行建筑工程施工所必须搭设的生活和生产用的临时建筑物、构筑物和其他临时设施等发生的费用。临时设施包括：临时宿舍、文化福利及公用事业房屋与构筑物、仓库、办公室、加工厂（场）以及在规定范围内道路、水、电、管线等临时设施和小型临时设施。临时设施费用包括：临时设施的搭设、维修、拆除费或摊销费。

安全文明施工费以实施标准划分，可分为安全文明施工基本费和创建安全文明施工标准化工地增加费（以下简称“标化工地增加费”）。

2）提前竣工增加费：是指因缩短工期要求发生的施工增加费，包括赶工所需发生的夜间施工增加费、周转材料加大投入量和资金、劳动力集中投入等所增加的费用。

3）二次搬运费：是指因施工场地条件限制而发生的材料、构配件、半成品等一次运输不能到达堆放地点，必须进行二次或多次搬运所发生的费用。

4）冬雨季施工增加费：是指在冬季或雨季施工需增加的临时设施、防滑、排除雨雪，人工及施工机械效率降低等费用。

5）行车、行人干扰增加费：是指边施工边维持通车的市政道路、桥梁（包括道路绿化、路灯、交通设施）、市政排水（包括给水、燃气、电力管道）及市政设施养护维修等工程受行车、行人干扰影响而降低工效等增加的费用。

6）其他施工组织措施费：是指根据各专业、地区及工程特点补充的施工组织措施项目的费用。

### 3. 其他项目费

其他项目费包括内容视工程实际情况按照不同阶段的计价需要进行列项。其中，编制招标控制价和投标报价时，包括暂列金额、暂估价、计日工、总承包服务费四项内容；竣工结算计价时，包括承包人发包专业工程结算价、计日工、总承包服务费、索赔与现场签证费以及优质工程增加费五项内容。

（1）暂列金额　暂列金额是指建设单位在工程量清单中暂定并包括在工程合同价款中的一笔款项，用于施工合同签订时尚未确定或者不可预见的所需材料、工程设备、服务的采购，施工中可能发生的工程变更、合同约定调整因素出现时的工程价款调整，以及发生的索赔、现场签证确认等的费用和标化工地、优质工程等费用的追加，包括标化工地暂列金额、优质工程暂列金额和其他暂列金额。

（2）暂估价　暂估价是指建设单位在工程量清单中提供的用于支付必然发生但暂时不能确定价格的材料、工程设备的单价以及专项施工技术措施项目、专业工程等的金额。其中：

1）材料及工程设备暂估价：是指发包阶段已经确认发生的材料、工程设备，由于设计标准未明确等原因造成无法当时确定准确价格，或者设计标准虽已明确，但一时无法取得合理询价，由建设单位在工程量清单中给定的一个暂估单价。材料、工程设备暂估价列入分部分项工程费相应综合单价内计算。

2）专业工程暂估价：是指发包阶段已经确认发生的专业工程，由于设计未详尽、标准未明确或者需要由专业承包人完成等原因造成无法当时确定准确价格，由建设单位在工程量清单中给定的一个暂估总价。

3）施工技术专项措施项目暂估价：是指发包阶段已经确认发生的施工技术措施项目，由于需要在签约后由承包人提出专项方案并经论证、批准方能实施等原因造成无法当时确定准确计价，由建设单位在工程量清单中给定的一个暂估总价。

（3）计日工　计日工是指在施工过程中，施工企业完成建设单位提出的施工图纸以外的零星项目或工作所需的费用。

（4）总承包服务费　总承包服务费是指总承包人为配合、协调建设单位进行的专业工程发包，对建设单位自行采购的材料、工程设备等进行保管以及施工现场管理、竣工资料汇总整理等服务所需的费用，包括发包人发包专业工程管理费和甲供材料及工程设备保管费。

（5）专业工程结算价　专业工程结算价是指发包阶段招标人在工程量清单中以暂估价给定的专业工程，竣工结算时发承包双方按照合同约定计算并确定的最终金额。

（6）索赔与现场签证费

1）索赔费用：是指在工程合同履行过程中，合同当事人一方因非己方的原因而遭受损失，按合同约定或法律法规规定应由对方承担责任，从而向对方提出补偿的要求，经双方共同确认需补偿的各项费用。

2）现场签证费用：是指发包人现场代表（或其授权的监理人、工程造价咨询人）与承包人现场代表就施工过程中涉及的责任事件所做的签认证明中的各项费用。

（7）优质工程增加费　是指建筑施工企业在生产合格建筑产品的基础上，为生产优质工程并获得国家或省、市、区级建设工程专业奖项而增加的费用。

### 4. 规费、增值税

规费、增值税均应单独列项计算，规费、增值税定义及包括内容和费用构成要素划分一致。

【警示厅】

#### 长腰山变“水泥森林”

位于滇池南岸的长腰山，是滇池山水林田湖草生态系统的重要组成部分，是滇池重要自然景观。然而，其90%以上区域已被开发为房地产项目，滇池的“腰”没了！长腰山成了“水泥山”，保护区“长”出密密麻麻违建别墅。据统计，2015年1月以来，某公司在长腰山区域，陆续开工建设××国际养生养老度假区项目，该项目规划建设别墅813栋、多层和中高层楼房294栋，建筑面积225.2万$m^2$。

长腰山生态功能基本丧失，整个长腰山被开发殆尽。大量挡土墙严重破坏了长腰山地形地貌，原有沟渠、小溪全部被水泥硬化，林地、草地、耕地全部变成水泥地。长腰山90%以上区域挤满了密密麻麻的楼房，整个山体被钢筋水泥包裹得严严实实，基本丧失了生态涵养功能，如图1-5所示。被侵占山体涵养水源能力下降，大量化肥与农药和生活污水排向了滇池，严重摧残山水林田湖草生命共同体。

图1-5 长腰山南岸

**【点评】**

国家把环境保护费纳入安全文明施工费的范畴，属于不可竞争费的性质，即不可让价，否则废标，就是为了杜绝施工企业舍弃环境保护措施费用，体现了国家保护环境的决心。作为新时代的建设者，在平时学习生活中也要提高环境保护意识，坚持“生态优先，绿色发展”的理念，养成良好的职业素养和职业态度。

## 四、浙江省建筑安装工程费用计算

### （一）一般规定

建筑安装工程统一按照综合单价法进行计价，包括国标工程量清单计价和定额项目清单计价两种。建筑安装工程计价可采用一般计税法和简易计税法计价，如选择采用简易计税方法计价的，应符合税务部门简易计税的条件；建筑安装工程概算应采用一般计税方法计价。

### （二）浙江省建筑工程施工取费费率

浙江省建筑工程施工取费费率内容在《浙江省建设工程计价规则》（2018版）的20到24页，包括房屋建筑与装饰工程企业管理费费率、利润费率、施工组织措施项目费费率、其他项目费费率、规费费率和税金税率。

建筑工程施工费率计取

### 1. 企业管理费费率（表1-1）

表1-1 房屋建筑与装饰工程企业管理费费率

| 定额编号 | 项目名称 | 计算基数 | 费率(%) | | | | | |
|---|---|---|---|---|---|---|---|---|
| | | | 一般计税 | | | 简易计税 | | |
| | | | 下限 | 中值 | 上限 | 下限 | 中值 | 上限 |
| A1 | 企业管理费 | | | | | | | |
| A1-1 | 房屋建筑及构筑物工程 | 人工费+机械费 | 12.43 | 16.57 | 20.71 | 12.12 | 16.16 | 20.2 |
| A1-2 | 单独装饰工程 | | 11.37 | 15.16 | 18.95 | 11.15 | 14.86 | 18.57 |
| A1-3 | 专业打桩、钢结构、幕墙及其他专业工程 | | 10.12 | 13.49 | 16.86 | 9.92 | 13.22 | 16.52 |
| A1-4 | 专业土石方工程 | | 4.15 | 5.53 | 6.91 | 3.82 | 5.09 | 6.36 |

注：1. 房屋建筑与装饰工程适用于工业与民用建筑工程、单独构筑物与其他工程，并包括相应的附属工程；单独装饰工程仅适用于单独承包的装饰工程；专业工程仅适用于房屋建筑与装饰工程中单独承包的专业发包工程；其他专业工程是指本费率表所列专业工程以外的，需具有专业工程施工资质施工的发包工程。

2. 采用装配整体式混凝土结构的工程，其费率应根据不同PC率（预制装配率）乘以相应系数进行调整。其中，PC率为20%及以上至30%以内的，调整系数为1.1；PC率为40%以内的，调整系数为1.15；PC率为50%以内的，调整系数为1.2；PC率为50%以上的，调整系数为1.25。

### 2. 利润费率（表1-2）

表1-2 房屋建筑与装饰工程利润费率

| 定额编号 | 项目名称 | 计算基数 | 费率(%) | | | | | |
|---|---|---|---|---|---|---|---|---|
| | | | 一般计税 | | | 简易计税 | | |
| | | | 下限 | 中值 | 上限 | 下限 | 中值 | 上限 |
| A2 | 利润 | | | | | | | |
| A2-1 | 房屋建筑及构筑物工程 | 人工费+机械费 | 6.08 | 8.1 | 10.12 | 5.93 | 7.9 | 9.87 |
| A2-2 | 单独装饰工程 | | 5.72 | 7.62 | 9.52 | 5.6 | 7.47 | 9.34 |
| A2-3 | 专业打桩、钢结构、幕墙及其他专业工程 | | 5.72 | 7.63 | 9.54 | 5.59 | 7.45 | 9.31 |
| A2-4 | 专业土石方工程 | | 2.03 | 2.7 | 3.37 | 1.87 | 2.49 | 3.11 |

注：利润费率使用同企业管理费。

### 3. 施工组织措施项目费费率（表1-3）

表1-3 房屋建筑与装饰工程施工组织措施项目费费率

| 定额编号 | 项目名称 | 计算基数 | 费率(%) | | | | | |
|---|---|---|---|---|---|---|---|---|
| | | | 一般计税 | | | 简易计税 | | |
| | | | 下限 | 中值 | 上限 | 下限 | 中值 | 上限 |
| A3 | 施工组织措施项目费 | | | | | | | |
| A3-1 | 安全文明施工基本费 | | | | | | | |

（续）

| 定额编号 | 项目名称 | | 计算基数 | 费率(%) | | | | | |
|---|---|---|---|---|---|---|---|---|---|
| | | | | 一般计税 | | | 简易计税 | | |
| | | | | 下限 | 中值 | 上限 | 下限 | 中值 | 上限 |
| A3-1-1 | 其中 | 非市区工程 | 人工费+机械费 | 7.14 | 7.93 | 8.72 | 7.37 | 8.19 | 9.01 |
| A3-1-2 | | 市区工程 | | 8.57 | 9.52 | 10.47 | 8.84 | 9.82 | 10.8 |
| A3-2 | 标化工地增加费 | | | | | | | | |
| A3-2-1 | 其中 | 非市区工程 | 人工费+机械费 | 1.27 | 1.49 | 1.79 | 1.31 | 1.54 | 1.85 |
| A3-2-2 | | 市区工程 | | 1.54 | 1.81 | 2.17 | 1.58 | 1.86 | 2.23 |
| A3-3 | 提前竣工增加费 | | | | | | | | |
| A3-3-1 | 其中 | 缩短工期比例10%以内 | 人工费+机械费 | 0.01 | 0.52 | 1.03 | 0.01 | 0.54 | 1.07 |
| A3-3-2 | | 缩短工期比例20%以内 | | 1.03 | 1.29 | 1.55 | 1.07 | 1.33 | 1.59 |
| A3-3-3 | | 缩短工期比例30%以内 | | 1.55 | 1.79 | 2.03 | 1.59 | 1.85 | 2.11 |
| A3-4 | 二次搬运费 | | 人工费+机械费 | 0.4 | 0.5 | 0.6 | 0.42 | 0.52 | 0.62 |
| A3-5 | 冬雨季施工增加费 | | 人工费+机械费 | 0.06 | 0.11 | 0.16 | 0.07 | 0.12 | 0.17 |

注：1. 采用装配整体式混凝土结构的工程，其施工组织措施项目费费率应根据不同PC率乘以相应系数进行调整。不同PC率的费率调整系数同企业管理费的费率调整系数。

2. 专业土石方工程的施工组织措施费费率乘以系数0.35。

3. 房屋建筑与装饰工程的安全文明施工基本费按其取费基数额度（合同标段分部分项工程费与施工技术措施项目费所含“人工费+机械费”）大小，采用分档累进以递减方式计算费用。其中，取费基数额度500万元以内的，执行标准费率；500万元以上至2000万元以内部分按标准费率乘以系数0.9；2000万元以上至5000万元以内部分按标准费率乘以系数0.8；5000万元以上部分按标准费率乘以系数0.7。

4. 单独装饰工程与专业打桩、钢结构、幕墙及其他专业工程的安全文明施工基本费费率乘以系数0.6。

5. 标化工地增加费费率的下限、中值和上限分别对应市级、省级和国家级标化工地，县市区级标化工地按费率中值乘以系数0.7。

**注意**

浙江省建设厅2022年3月24日发布了《关于调整建筑工程安全文明施工费的通知》：自2022年4月1日起，安全文明施工基本费中增加疫情常态化防控和智慧工地增加费两项费用，安全文明施工基本费按照《浙江省建设工程计价规则》（2018版）的费率乘以1.15系数。

1. 智慧工地增加费包括实名制信息采集及考勤设备、扬尘在线视频监测设备、远程高清视频监控设备、起重机械安全监控设备、软件和管理等增加的相关费用。

2. 疫情常态化防控费用包括人员进出防护费、防护物资费、相关核酸检测费、宣传教育费、临时隔离设施费、防控人员费以及其他额外增加的内容，不包括疫情防控一、二级响应或被列为封控区、管控区、防范区后按照当地防疫要求发生的隔离、核酸检测、停工等费用。

## 4. 其他项目费费率（表1-4）

表1-4 房屋建筑与装饰工程其他项目费费率

<table>
<tr><th>定额编号</th><th colspan="2">项目名称</th><th>计算基数</th><th>费率(%)</th></tr>
<tr><td>A4</td><td colspan="4">其他项目费</td></tr>
<tr><td>A4-1</td><td colspan="4">优质工程增加费</td></tr>
<tr><td>A4-1-1</td><td rowspan="4">其中</td><td>县市区级优质工程</td><td rowspan="4">除优质工程增加费外税前工程造价</td><td>1.5</td></tr>
<tr><td>A4-1-2</td><td>设区市级优质工程</td><td>2</td></tr>
<tr><td>A4-1-3</td><td>省级优质工程</td><td>3</td></tr>
<tr><td>A4-1-4</td><td>国家级优质工程</td><td>4</td></tr>
<tr><td>A4-2</td><td colspan="4">施工总承包服务费</td></tr>
<tr><td>A4-2-1</td><td rowspan="4">其中</td><td>专业发包工程管理费（管理、协调）</td><td rowspan="2">专业发包工程金额</td><td>1.00~2.00</td></tr>
<tr><td>A4-2-2</td><td>专业发包工程管理费（管理、协调、配合）</td><td>2.00~4.00</td></tr>
<tr><td>A4-2-3</td><td>甲供材料保管费</td><td>甲供材料金额</td><td>0.50~1.00</td></tr>
<tr><td>A4-2-4</td><td>甲供设备保管费</td><td>甲供设备金额</td><td>0.20~0.50</td></tr>
</table>

注：1. 不分计价工程所采用的计税方法，统一按相应费率执行；
2. 优质工程增加费，取费基数由“人工费+机械费”变为“除优质工程增加费外税前工程造价”，费率根据县、市、省、国家不同而不同；
3. 专业发包工程管理费的取费基数按其税前金额确定，不包括相应的销项税；甲供材料保管费和甲供设备保管费基数按其含税金额计算，包括相应的进项税。

## 5. 规费费率（表1-5）

表1-5 房屋建筑与装饰工程规费费率

<table>
<tr><th rowspan="2">定额编号</th><th rowspan="2">项目名称</th><th rowspan="2">计算基数</th><th colspan="2">费率(%)</th></tr>
<tr><th>一般计税</th><th>简易计税</th></tr>
<tr><td>A5</td><td colspan="4">规费</td></tr>
<tr><td>A5-1</td><td>房屋建筑及构筑物工程</td><td rowspan="4">人工费+机械费</td><td>25.78</td><td>25.15</td></tr>
<tr><td>A5-2</td><td>单独装饰工程</td><td>27.92</td><td>27.37</td></tr>
<tr><td>A5-3</td><td>专业打桩、钢结构、幕墙及其他专业工程</td><td>25.08</td><td>24.49</td></tr>
<tr><td>A5-4</td><td>专业土石方工程</td><td>12.62</td><td>11.65</td></tr>
</table>

注：规费费率使用同企业管理费。

## 6. 税金税率（表1-6）

表1-6 房屋建筑与装饰工程税金税率

<table>
<tr><th>定额编号</th><th>项目名称</th><th>适用计税方法</th><th>计算基数</th><th>税率(%)</th></tr>
<tr><td>A6</td><td colspan="4">增值税</td></tr>
<tr><td>A6-1</td><td>增值税销项税</td><td>一般计税方法</td><td rowspan="2">税前工程造价</td><td>10</td></tr>
<tr><td>A6-2</td><td>增值税征收率</td><td>简易计税方法</td><td>3</td></tr>
</table>

注：1. 采用一般计税方法计税时，税前工程造价中的各费用项目均不包含增值税进项税额；采用简易计税方法计税时，税前工程造价中的各费用项目均应包含增值税进项税额。
2. 《住房和城乡建设部办公厅关于调整建设工程计价依据增值税税率的通知》建办标〔2018〕20号）规定：自2019年4月1日起，工程造价计价依据中增值税税率由10%调整为9%。

### （三）建筑安装工程费用计算程序

建筑安装工程费用计算程序按照不同阶段的计价活动分别进行设置，包括建筑安装工程概算费用计算程序和建筑安装工程施工费用计算程序。

#### 1. 概算费用计算程序（表 1-7）

表 1-7 工程概算费用计算程序表

| 序号 | 费用项目 | | 计算方法(公式) |
|---|---|---|---|
| 一 | 分部分项工程费 | | Σ(分部分项工程数量×综合单位) |
| | 其中 | 1. 人工费+机械费 | Σ分部分项工程(定额人工费+定额机械费) |
| 二 | 总价综合费用 | | 1×总价综合费率 |
| 三 | 其他费用 | | 2+3+4 |
| | 其中 | 2. 标化工地预留费 | 1×费率 |
| | | 3. 优质工程预留费 | (一+二)×费率 |
| | | 4. 概算扩大费用 | (一+二)×扩大系数 |
| 四 | 税前概算费用 | | 一+二+三 |
| 五 | 税金(增值税销项税) | | 四×税率 |
| 六 | 建筑安装工程概算费用 | | 四+五 |

注：1. 计算程序适用于单位工程的概算编制。

2. 概算分部分项工程费所列“人工费+机械费”，仅指用于取费基数部分的定额人工费与定额机械费之和。

#### 2. 建筑安装工程施工费用计算程序

（1）招投标阶段（表 1-8）

表 1-8 招投标阶段施工费用计算程序表

| 序号 | 费用项目 | | 计算方法(公式) |
|---|---|---|---|
| 一 | 分部分项工程费 | | Σ(分部分项工程数量×综合单价) |
| | 其中 | 1. 人工费+机械费 | Σ分部分项(定额人工费+定额机械费) |
| 二 | 措施项目费 | | |
| | (一)施工技术措施项目费 | | Σ(技措项目工程数量×综合单价) |
| | 其中 | 2. 人工费+机械费 | Σ技措项目(定额人工费+定额机械费) |
| | (二)施工组织措施项目费 | | 按实际发生项之和进行计算 |
| | 其中 | 3. 安全文明施工基本费 | (1+2)×费率 |
| | | 4. 提前竣工增加费 | |
| | | 5. 二次搬运费 | |
| | | 6. 冬雨季施工增加费 | |
| | | 7. 行车、行人干扰增加费 | |
| | | 8. 其他施工组织措施费 | 按相关规定进行计算 |
| 三 | 其他项目费 | | |
| | (三)暂列金额 | | 9+10+11 |
| | 其中 | 9. 标化工地暂列金额 | (1+2)×费率 |
| | | 10. 优质工程暂列金额 | 除暂列金额外工程造价×费率 |
| | | 11. 其他暂列金额 | 除暂列金额外工程造价×估算比例 |

（续）

| 序号 | 费用项目 | | 计算方法(公式) |
|---|---|---|---|
| | (四)暂估价 | | 12+13 |
| | 其中 | 12. 承包人发包专业工程暂估价 | 按除税金以外的全部费用进行计算 |
| | | 13. 施工技术专项措施项目暂估价 | 按除税金以外的全部费用进行计算 |
| | (五)计日工 | | ∑人工、材料、机具台班(暂估数量×综合单价) |
| | (六)总承包服务费 | | 14+15 |
| | 其中 | 14. 发包人发包专业工程管理费 | 发包人发包专业工程暂估价×费率 |
| | | 15. 发包人提供材料及工程设备保管费 | 甲供材料暂估金额×费率+甲供工程设备暂估金额×费率 |
| 四 | 规费 | | (1+2)×费率 |
| 五 | 税前工程造价 | | 一+二+三+四 |
| 六 | 税金(增值税销项税或征收率) | | 五×税率 |
| 七 | 建筑安装工程造价 | | 五+六 |

注：1. 计算程序适用于单位工程的招标控制价和投标报价编制。
2. 分部分项工程费、施工技术措施项目费所列“人工费+机械费”，编制招标控制价时仅指用于取费基数部分的定额人工费与定额机械费之和。
3. 其他项目费的构成内容按照施工总承包工程计价要求设置；专业发包工程及未实行施工总承包的工程，及发包人单独发包的专业工程，可根据实际需要作相应调整。
4. 标化工地暂列金额按施工总承包人自行承包的范围考虑，专业发包工程的标化工地暂列金额应包含在相应的暂估金额内，优质工程暂列金额、其他暂列金额已涵盖专业发包工程的内容，编制专业发包工程招标控制价和投标报价时，不再另行列项计算。
5. 专业工程暂估价包括专业发包工程暂估价和施工总承包人自行承包的专业工程暂估价，专项措施暂估价按施工总承包人自行承包范围的内容考虑，专业发包工程的专项措施暂估价应包含在相应的暂估金额内，按暂估单价计算的材料及工程设备暂估价，发生时应分别列入分部分项工程的相应综合单价内计算。
6. 施工总承包服务费中的专业发包工程管理费以专业工程暂估价内属于专业发包工程暂估价部分的各专业工程暂估金额为基数进行计算，甲供材料设备保管费按施工总承包人自行承包的范围考虑，专业发包工程的甲供材料设备保管费应包含在相应的暂估金额内。
7. 编制招标控制价和投标报价时，可按规定选择增值税一般计税法成简易计税法进行计税，招标控制价与投标报的计税方法应当一致，遇税前工程造价包含甲供材料及甲供设备智估金额的，应在过税基数中予以扣除。

（2）竣工结算阶段（表1-9）

**表1-9　竣工结算阶段施工费用计算程序表**

| 序号 | 费用项目 | | 计算方法(公式) |
|---|---|---|---|
| 一 | 分部分项工程费 | | ∑(分部分项工程数量×综合单价) |
| | 其中 | 1. 人工费+机械费 | ∑分部分项(定额人工费+定额机械费) |
| 二 | 措施项目费 | | |
| | (一)施工技术措施项目费 | | ∑(技措项目工程数量×综合单价) |
| | 其中 | 2. 人工费+机械费 | ∑技措项目(定额人工费+定额机械费) |
| | (二)施工组织措施项目费 | | 按实际发生项之和进行计算 |
| | 其中 | 3. 安全文明施工基本费 | (1+2)×费率 |
| | | 4. 标化工地增加费 | |
| | | 5. 提前竣工增加费 | |
| | | 6. 二次搬运费 | |
| | | 7. 冬雨季施工增加费 | |
| | | 8. 行车、行人干扰增加费 | |
| | | 9. 其他施工组织措施费 | 按相关规定进行计算 |

（续）

| 序号 | 费用项目 | | 计算方法(公式) |
|---|---|---|---|
| 三 | 其他项目费 | | |
| | (三)承包人发包专业工程结算价 | | 按除税金以外的全部费用进行计算 |
| | (四)计日工 | | Σ人工、材料、机具台班(确认数量×综合单价) |
| | (五)总承包服务费 | | 10+11 |
| | 其中 | 10. 发包人发包专业工程管理费 | 发包人发包专业工程结算价×费率 |
| | | 11. 发包人提供材料及工程设备保管费 | 甲供材料金属×费率+甲供工程设备金额×费率 |
| | (六)索赔与现场签证费 | | 12+13 |
| | 其中 | 12. 索赔费用 | 按除税金以外的全部费用进行计算 |
| | | 13. 现场签证费用 | 按除税金以外的全部费用进行计算 |
| | (七)优质工程增加费 | | 除优质工程增加费外工程造价×费率 |
| 四 | 规费 | | (1+2)×费率 |
| 五 | 税前工程造价 | | 一+二+三+四 |
| 六 | 税金(增值税销项税或征收率) | | 五×税率 |
| 七 | 建筑安装工程造价 | | 五+六 |

注：1. 本计算程序适用于单位工程的竣工结算编制。

2. 分部分项工程费、施工技术措施项目费所列“人工费+机械费”仅指竣工结算时依据已标价清单综合单价确定。

3. 分部分项工程费、施工技术措施项目费所列工料机价差”是指竣工结算时按照合同约定计算的因价格波动所引起的人工费、材料费、机械费价差。

4. 其他项目费的构成内容按照施工总承包工程计价要求设置，专业发包工程及未实行施工总承包的工程应根据实际情况做相应调整。

5. 专业工程结算价仅按专业发包工程结算价列项计算，凡经过二次招标属于施工总承包人自行承包的专业工程结算时，将其直接列入总包工程的分部分项工程费、措施项目费及相关费用。

6. 计日工、甲供材料设备保管费、索赔与现场签证费及优质工程增加费仅限于施工总承包人自行发生部分内容的计算。专业发包工程分包人所发生的计日工、甲供材料设备保管费、索赔与现场签证费及优质工程增加费应分别计入专业发包工程相应结算金额内。

7. 编制竣工结算时，计税方法应与招标控制价、投标报价保持一致。遇税前工程造价包含甲供材料及甲供设备金额的，应在计税基数中予以扣除。

**注意**

1. 施工组织措施费（“标化工地增加费”除外）、企业管理费、利润等项目费率为弹性费率，投标报价时企业参考弹性费率自主确定，并在合同中明确。编制招标控制价时应按中值计取。

2. 施工组织措施中安全文明施工基本费为必须计算的措施项目，投标报价时不得低于相应基准费率的90%（即施工取费费率的下限）计取。

3. 规费、税金属于非竞争性费用，按计价规则规定计费基数和费率计取，不得优惠。

4. 措施项目按工程实际发生情况或施工方案确定措施费项目费用。

【警示厅】

## 安全意识不能放松

### 1. 河北衡水市翡翠华庭“4·25”施工升降机轿厢坠落重大事故

2019年4月25日7时20分左右，河北省衡水市翡翠华庭项目1号楼建筑工地，发生一起施工升降机轿厢（吊笼）坠落的重大事故，造成11人死亡、2人受伤，直接经济损失约1800万元。其发生原因是事故施工升降机第16、17标准节连接位置西侧的两条螺栓未安装、加节且附着后未按规定进行自检，未进行验收即违规使用。

主要教训：一是企业安全生产主体责任不落实，工程项目现场安全生产管理混乱；二是专项施工方案审批流于形式，把关不严，方案交底和安全技术交底缺失；三是安全教育培训不到位；四是行业监管部门监督检查不到位。

### 2. 上海市长宁区厂房“5·16”坍塌重大事故

2019年5月16日11时10分左右，上海市长宁区昭化路148号1幢厂房发生局部坍塌，造成12人死亡，10人重伤，3人轻伤，直接经济损失约3430万元。其发生原因是厂房1层承重砖墙（柱）本身承载力不足，施工过程中未采取维持墙体稳定措施，南侧承重墙在改造施工过程中承载力和稳定性进一步降低，施工时承重砖墙（柱）瞬间失稳后部分厂房结构连锁坍塌，生活区设在施工区内，导致群死群伤。

主要教训：一是企业安全生产主体责任落实不到位，现场管理混乱；二是企业内部审批流程管理不到位；三是行业监管部门监督检查不到位。

**【点评】**

惨痛事故教训告诫我们：施工安全意识一刻都不能放松。安全文明施工费作为招标投标中的不可竞争费，其实质就是为了杜绝企业舍弃施工人员的安全保障，作为新时代的土木人，肩负着国家工程建设的重要使命，更应把安全放在首位，牢固树立生命至上、安全第一的理念，科学管理，安全施工。

### （四）费用计算举例

**【例1-2】** 杭州市区酒店工程需编制招标控制价，请根据以下背景资料依据《浙江省建设工程计价规则》（2018版），计算该工程的施工组织措施项目费。（计算结果费率金额均保留2位小数）

工程资料如下：

（1）工程采用装配式整体施工，PC率为35%。

（2）工程人工费机械费合计2000万。

（3）定额工期一年，合同要求300天完工，并创市级标化工地。

（4）需考虑冬雨季施工和二次搬运费。

**解：** 根据工程条件，应计算的组织措施费为5项：安全文明基本费、标化工地增加费、提前竣工增加费、二次搬运费和冬雨季施工增加费。

（1）安全文明施工基本费费率：

$$[500\times9.52\%+(2000-500)\times9.52\%\times0.9]/2000\times1.15\times1.15=11.65\%$$

（2）标化工地增加费费率：

$$1.54\% \times 1.15 = 1.77\%$$

（3）提前竣工增加费费率：

1）缩短工期比例 =（定额工期 − 合同工期）÷ 定额工期

$$(365-300) \div 365 = 17.81\%$$

2）提前竣工费率：$1.29\% \times 1.15 = 1.48\%$

（4）二次搬运费费率：

$$0.50\% \times 1.15 = 0.58\%$$

（5）冬雨季施工增加费费率：

$$0.11\% \times 1.15 = 0.13\%$$

（6）施工组织措施项目费：

$$2000 \times (11.65\% + 1.77\% + 1.48\% + 0.58\% + 0.13\%) = 312.20\ (万元)$$

**【例 1-3】** 杭州市区某综合楼工程，分部分项工程费 1300 万元，其中定额人工、机械费 400 万元，施工技术措施费 200 万元，定额人工和机械费 70 万元，依据《浙江省建设工程计价规则》(2018 版)，采用一般计税，暂不考虑调整因素，计算该工程的招标控制价。(计算结果保留 4 位小数)。

**招投标阶段建安工程费用计算实例**

工程资料如下：

（1）需考虑环境、文明、安全、临时设施、材料二次搬运。

（2）招标文件要求创市级标化工地。

（3）其他暂定金额估算比例为 1%。

（4）其中幕墙工程 100 万（不含税）单独进行发包，计取 2%的总承包服务费。

（5）计日工暂定为 5 万元。

**解：** 该工程的招标控制价计算见表 1-10。

**表 1-10　建筑工程施工费用计算表**

| 序号 | 费用项目名称 | | 费率(%) | 计算式 | 金额/万元 |
|---|---|---|---|---|---|
| 一 | 分部分项工程费 | | | | 1300 |
| | 其中 | 1. 人工费+机械费 | | | 400 |
| 二 | 措施项目费 | | | 200+47.094 | 247.094 |
| | (一)施工技术措施项目费 | | | | 200 |
| | 其中 | 2. 人工费+机械费 | | | 70 |
| | (二)施工组织措施项目费 | | | 44.744+2.35 | 47.094 |
| | 其中 | 3. 安全文明施工基本费 | 9.52 | (400+70)×9.52% | 44.744 |
| | | 4. 提前竣工增加费 | | | |
| | | 5. 二次搬运费 | 0.50 | (400+70)×0.5% | 2.35 |
| | | 6. 冬雨季施工增加费 | | | |
| | | 7. 行人行车干扰增加费 | | | |
| 三 | 其他项目费 | | | 23.9906+5+2 | 30.9906 |

（续）

| 序号 | 费用项目名称 | | 费率(%) | 计算式 | 金额/万元 |
|---|---|---|---|---|---|
| | (三)暂列金额 | | | 7.238+16.7526 | 23.9906 |
| | 其中 | 8. 标化工地暂列金额 | 1.54 | (400+70)×1.54% | 7.238 |
| | | 9. 优质工程暂列金额 | | | |
| | | 10. 其他暂列金额 | 2 | (1300+247.094+5+2+121.166)×1% | 16.7526 |
| | (四)暂估价 | | | | |
| | 其中 | 11. 专业工程暂估价 | | | |
| | | 12. 专项工程暂估价 | | | |
| | (五)计日工 | | | | 5 |
| | (六)施工总承包服务费 | | 2 | 100×2% | 2 |
| | 其中 | 13. 专业发包工程管理费 | | | |
| | | 14. 甲供材料设备保管费 | | | |
| 四 | 规费 | | 25.78 | (400+70)×25.78% | 121.166 |
| 五 | 税前工程造价 | | | 1300+247.094+30.9906+121.166 | 1699.2506 |
| 六 | 税金 | | 10 | 1699.2506×10% | 169.9251 |
| 七 | 建设工程造价 | | | 1699.2506+169.9251 | 1869.1757 |

【例1-4】 题中未作说明的工、料、机价格均以《浙江省建筑工程预算定额》（2018版）为准，不考虑浙建建发［2019］92号文所涉及的调整系数。根据以下背景资料依据《浙江省建设工程计价规则》（2018版），以招标控制价编制原则，填写并完成费率计算表和建筑工程费用计算表，费率和金额计算结果均保2位小数。

背景资料如下：

（1）某市区国有投资房屋建筑工程，采用装配式整体混凝土结构，PC率（预制率）为35%。

（2）定额工期650日历天，定合同工期550天。

（3）建筑工程分部分项工程费12000万元，所含定额人工费和定额机械费合计为3600万元；建筑工程施工技术措施项目费3000万元，所含定额人工费和定额机械费合计为900万元；其他项目暂不考虑。

（4）本工程部分材料及构件需发生二次搬运。

（5）本工程采用一般计税法计税（税率为9%）。

注：安全文明施工基本费按照浙江省建设厅的最新规定：增加疫情常态化防控和智慧工地增加费两项内容，费率乘以1.15系数计算。

解：该工程的费率计算和建筑工程费用计算见表1-11和表1-12。

表1-11 费率计算表

| 序号 | 费用名称 | 费率计算式 | 费率(%) |
|---|---|---|---|
| 1 | 安全文明施工基本费 | [500×9.52%+(2000-500)×9.52%×0.9+(4500-2000)×9.52%×0.8]÷4500×1.15×1.15 | 10.77 |
| 2 | 提前竣工增加费 | 1.29%×1.15 | 1.48 |
| 3 | 二次搬运费 | 0.50%×1.15 | 0.58 |
| 4 | 规费 | 25.78%×1.15 | 29.65 |

表 1-12　建筑工程施工费用计算表

| 序号 | 费用项目名称 | | 费率(%) | 计算式 | 金额/万元 |
|---|---|---|---|---|---|
| 一 | 分部分项工程费 | | | | 12000 |
| | 其中 | 1. 人工费+机械费 | | | 3600 |
| 二 | 措施项目费 | | | 3000+577.35 | 3577.35 |
| | (一)施工技术措施项目费 | | | | 3000 |
| | 其中 | 2. 人工费+机械费 | | | 900 |
| | (二)施工组织措施项目费 | | | 484.65+66.60+26.10 | 577.35 |
| | 其中 | 3. 安全文明施工基本费 | 10.77 | (3600+900)×10.77% | 484.65 |
| | | 4. 提前竣工增加费 | 1.48 | (3600+900)×1.48% | 66.60 |
| | | 5. 二次搬运费 | 0.58 | (3600+900)×0.58% | 26.10 |
| | | 6. 冬雨季施工增加费 | | | |
| | | 7. 行人行车干扰增加费 | | | |
| 三 | 其他项目费 | | | | |
| | (三)暂列金额 | | | | |
| | 其中 | 8. 标化工地暂列金额 | | | |
| | | 9. 优质工程暂列金额 | | | |
| | | 10. 其他暂列金额 | | | |
| | (四)暂估价 | | | | |
| | 其中 | 11. 专业工程暂估价 | | | |
| | | 12. 专项工程暂估价 | | | |
| | (五)计日工 | | | | |
| | (六)施工总承包服务费 | | | | |
| | 其中 | 13. 专业发包工程管理费 | | | |
| | | 14. 甲供材料设备保管费 | | | |
| 四 | 规费 | | 29.65 | (3600+900)×29.65% | 1334.25 |
| 五 | 税前工程造价 | | | 12000+3577.35+1334.25 | 16911.60 |
| 六 | 税金 | | 9 | 16911.60×9% | 1522.04 |
| 七 | 建设工程造价 | | | 16911.60+1522.04 | 18433.64 |

## 【小结】

本任务主要介绍了工程造价的概念及其构成，建设工程费用的构成及其各项费用的含义。重点应把握措施费的含义及其分类、规费的组成，不同阶段建安工程费用的计算程序，掌握《浙江省建设工程计价规则》（2018 版）的使用。

## 【思考与练习题】

### 一、单项选择题

1.《浙江省建设工程计价规则》（2018 版）中，属于不可竞争性必须计算的措施费项目是（　　）。

A. 二次搬运费　　B. 安全文明施工费　　C. 夜间施工增加费　　D. 检验试验费

2. 以下不属于不可竞争性费用的是（　　）。
A. 安全文明施工费　　B. 规费
C. 税金　　D. 分部分项工程
3. 以下不属于规费内容的是（　　）。
A. 工伤保险费　　B. 养老保险费　　C. 工程排污费　　D. 住房公积金
4. 生产准备费属于（　　）。
A. 与未来生产经营有关费用　　B. 建设单位管理费
C. 建安工程费　　D. 工程费用
5. 房产公司会计的工资属于（　　）。
A. 人工费　　B. 企业管理费
C. 建筑安装工程费　　D. 工程建设其他费用

## 二、多项选择题

1. 建筑公司打桩机司机工资属于什么费用（　　）。
A. 人工费　　B. 材料费　　C. 机械使用费　　D. 企业管理费
E. 建筑安装工程费　　F. 工程建设其他费用
2. 建设单位采购材料和设备所需的费用属于（　　）。
A. 建设单位管理费　　B. 材料费　　C. 建筑安装工程费用
D. 措施费　　E. 企业管理费
3. 以下费用属于施工技术措施费的有（　　）。
A. 混凝土模板费　　B. 生产准备费　　C. 塔吊安拆费
D. 材料二次搬运费　　E. 脚手架费　　F. 检验试验费
4. 建筑公司施工员的工资属于什么费用（　　）。
A. 人工费　　B. 材料费　　C. 机械使用费
D. 企业管理费　　E. 建筑安装工程费　　F. 工程建设其他费用
5. 广义的工程造价包含的内容有（　　）。
A. 银行贷款利息　　B. 预备费　　C. 设计费　　D. 设备购置费

## 三、简答题

1. 什么是建筑工程费用？它由哪几部分费用组成？
2. 什么是措施费？它由哪些内容构成？
3. 什么是综合单价？

## 四、判断题

1. 土地征用及迁移补偿费，是指建设项目通过划拨方式取得有限期的土地使用所支付的费用。（　　）
2. 固定资产投资方向调节税属于工程造价。（　　）
3. 增值税是指国家税法规定的应计入建筑安装工程造价内的建筑服务增值税。（　　）
4. 联合试运转费是指新建企业或新增生产工艺过程的扩建企业在竣工验收前进行的联合试运转发生的费用，属于与未来企业生产经营有关的其他费用。（　　）

## 五、计算题

1. 某新建项目，建设期为 3 年，总贷款额为 1500 万，第 1 年贷款 600 万元，第 2 年贷款 400 万元，第 3 年贷款 500 万元，年利率为 6%，试计算建设期贷款利息。

2. 市区某专业土石方工程，分部分项工程费为 1000 万元，其中定额人工费和机械费合计 300 万元；技术措施项目费 150 万元，其中定额人工费和机械费合计 50 万元；根据以下背景资料，依据《浙江省建设工程计价规则》（2018 版）的有关规定，计算该工程的投标报价，填写并完成费率计算表和建筑工程施工费用计算表，见表 1-13 和表 1-14。采用一般计税，税率取 9%（费率取下限，计算结果费率和金额均保留 4 位小数）。

背景资料：

（1）本工程合同要求创建区级标化工地，工程质量目标为合格工程。

（2）本工程计日工暂定为 5 万元。

（3）甲供材料费合计 10 万元。

表 1-13　费率计算表

| 序号 | 费用名称 | 费率计算式 | 费率（%） |
|---|---|---|---|
| | | | |
| | | | |
| | | | |
| | | | |

表 1-14　建筑工程施工费用计算表

| 序号 | 费用项目名称 | | 费率（%） | 计算式 | 金额/万元 |
|---|---|---|---|---|---|
| 一 | 分部分项工程费 | | | | |
| | 其中 | 1. 人工费+机械费 | | | |
| 二 | 措施项目费 | | | | |
| | （一）施工技术措施项目费 | | | | |
| | 其中 | 2. 人工费+机械费 | | | |
| | （二）施工组织措施项目费 | | | | |
| | 其中 | 3. 安全文明施工基本费 | | | |
| | | 4. 提前竣工增加费 | | | |
| | | 5. 二次搬运费 | | | |
| | | 6. 冬雨季施工增加费 | | | |
| | | 7. 行人行车干扰增加费 | | | |
| 三 | 其他项目费 | | | | |
| | （三）暂列金额 | | | | |
| | 其中 | 8. 标化工地暂列金额 | | | |
| | | 9. 优质工程暂列金额 | | | |
| | | 10. 其他暂列金额 | | | |
| | （四）暂估价 | | | | |
| | 其中 | 11. 专业工程暂估价 | | | |
| | | 12. 专项工程暂估价 | | | |
| | （五）计日工 | | | | |

（续）

| 序号 | 费用项目名称 | | 费率(%) | 计算式 | 金额/万元 |
|---|---|---|---|---|---|
| | (六)施工总承包服务费 | | | | |
| | 其中 | 13. 专业发包工程管理费 | | | |
| | | 14. 甲供材料设备保管费 | | | |
| 四 | 规费 | | | | |
| 五 | 税前工程造价 | | | | |
| 六 | 税金 | | | | |
| 七 | 建设工程造价 | | | | |

3. 市区某专业土石方工程，分部分项工程费为 1000 万元，其中定额人工费和机械费合计 300 万元；技术措施项目费 150 万元，其中定额人工费和机械费合计 50 万元；根据以下背景资料，依据《浙江省建设工程计价规则》（2018 版）的有关规定，计算该工程的投标报价，填写并完成并完成费率计算表和建筑工程施工费用计算表，见表 1-15 和表 1-16。采用一般计税，税率取 9%（费率取下限，计算结果费率和金额均保留 4 位小数）。

背景资料：

（1）本工程获市级标化工地和市级优质工程（合同均未约定）。

（2）本工程计日工为 5 万元。

（3）甲供材料费合计 10 万元。

表 1-15　费率计算表

| 序号 | 费用名称 | 费率计算式 | 费率(%) |
|---|---|---|---|
| | | | |
| | | | |
| | | | |
| | | | |

表 1-16　建筑工程施工费用计算表

| 序号 | 费用项目名称 | | 费率(%) | 计算式 | 金额/万元 |
|---|---|---|---|---|---|
| 一 | 分部分项工程费 | | | | |
| | 其中 | 1. 人工费+机械费 | | | |
| | | 2. 工料机价差 | | | |
| 二 | 措施项目费 | | | | |
| | (一)施工技术措施项目费 | | | | |
| | 其中 | 3. 人工费+机械费 | | | |
| | | 4. 工料机价差 | | | |
| | (二)施工组织措施项目费 | | | | |
| | 其中 | 5. 安全文明施工基本费 | | | |
| | | 6. 标化工地增加费 | | | |
| | | 7. 提前竣工增加费 | | | |

（续）

| 序号 | 费用项目名称 | | 费率(%) | 计算式 | 金额/万元 |
|---|---|---|---|---|---|
| | 其中 | 8. 二次搬运费 | | | |
| | | 9. 冬雨季施工增加费 | | | |
| | | 10. 行人行车干扰增加费 | | | |
| 三 | 其他项目费 | | | | |
| | (三)专业发包工程结算价 | | | | |
| | (四)计日工 | | | | |
| | (五)施工总承包服务费 | | | | |
| | 其中 | 11. 专业发包工程管理费 | | | |
| | | 12. 甲供材料设备保管费 | | | |
| | (六)索赔与现场签证费 | | | | |
| | 其中 | 13. 索赔费用 | | | |
| | | 14. 签证费用 | | | |
| | (七)优质工程增加费 | | | | |
| 四 | 规费 | | | | |
| 五 | 税前工程造价 | | | | |
| 六 | 税金 | | | | |
| 七 | 建设工程造价 | | | | |

# 任务3 工程计价概述

## 一、工程计价的含义、特点及作用

工程计价概念

### （一）工程计价的含义

在《工程造价术语标准》（GB/T 50875—2013）中：工程计价是指按照法律法规和标准等规定的程序、方法和依据，对工程造价及其构成内容进行的预测或确定。

工程计价是指对工程建设项目及其对象，即各种建筑物和构筑物建造费用的计算，也就是工程造价的计算。工程计价过程包括工程概预算、工程结算和竣工决算。

1）工程概预算（也称为工程估价）：是指工程建设项目在开工前，对所需的各种人力、物力资源及其资金的预先计算。其目的是有效地确定和控制建设项目的投资，进行人力、物力、财力的准备，以保证工程项目的顺利进行。

2）工程结算：是指发承包双方根据合同约定，对合同工程在实施中、终止时、已完工后进行的合同价款计算、调整和确认。

3）竣工决算：是指在工程建设项目完工后，站在投资者或业主的角度，对所消耗的各种人力资源及资金的实际计算。

## （二）工程计价的特点

工程建设是一项特殊的生产活动，它有别于一般的工农业生产，具有周期长、消耗大、涉及面广、协作性强、建设地点固定、水文地质条件各异、生产过程单一、不能批量生产等特点。因此，工程建设的产品也就有了不同于一般的工农业产品的计价特点。

### 1. 单件性计价

每个建设产品都为特定的用途而建造，在结构、造型、材料选用、内部装饰、体积和面积等方面都会有所不同。建筑物要有个性，不能千篇一律，只能单独设计、单独建造。由于建设地点的地质情况不同，建造时人工材料的价格变动，使用者不同的功能要求，最终导致工程造价的千差万别。因此，建设产品的造价既不能像工业产品那样按品种、规格成批定价，也不能由国家、地方、企业规定统一的价格，只能是单件计价，只能由企业根据现时情况自主报价，由市场竞争形成价格。

### 2. 多次性计价

建设产品的生产过程是一个周期长、规模大、消耗多、造价高的投资生产活动，必须按照规定的建设程序分阶段进行。工程造价多次性计价的特点，表现在建设程序的每个阶段都有相对应的计价活动，以便有效地确定与控制工程造价。同时，由于工程建设过程是一个由粗到细、由浅入深的渐进过程，工程造价的多次性计价也就成了一个对工程投资逐步细化、具体，最后接近实际的过程。工程造价多次性计价与基本建设程序展开过程的关系如图 1-6 所示。

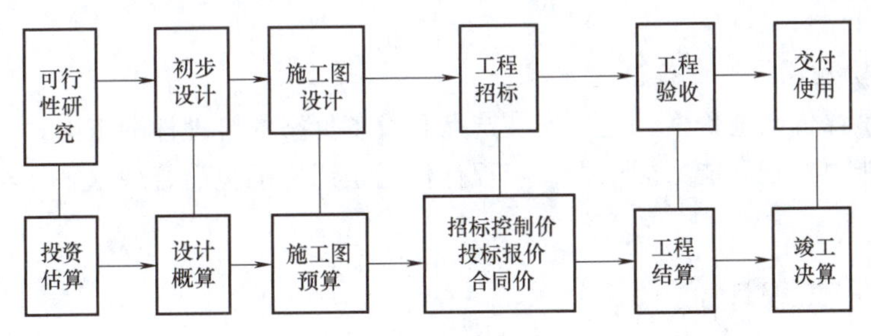


图 1-6　多次性计价与基本建设程序展开过程关系示意图

### 3. 组合性计价

每一工程项目都可以按照建设项目→单项工程→单位工程→分部工程→分项工程的层次分解，然后再按相反的次序组合计价。工程计价的最小单元是分项工程或构配件，而工程计价的基本对象是单位工程，如建筑工程、装饰装修工程、安装工程、市政工程、公路工程等。每一个单位工程都应编制独立的工程造价文件，它是由若干个分项工程的造价组合而成的。单项工程的造价由若干个单位工程的造价汇总而成，建设项目的造价由若干个单项工程的造价汇总而成。

## （三）工程计价的作用

### 1. 工程计价是项目决策的工具

建设工程投资大、生产和使用周期长等特点决定了项目决策的重要性，工程造价决定项目的一次投资费用。投资者是否有足够的财务能力支付这笔费用，是否值得支付这项费用，是项目决策中要考虑的主要问题。在项目决策阶段，建设工程造价是项目财务分析和经济评价的重要依据。

### 2. 工程计价是制定投资计划和控制投资的有效工具

投资计划按照建设工期、工程进度和建设价格等逐年分月制订，正确的投资计划有助于合理和有效地使用资金。

工程计价在控制投资方面的作用非常明显。工程造价的每一次估算对下一次估算都是严格的控制，具体说后一次估算不能超过前一次估算的一定幅度。这种控制是在投资者财务能力的限度内为取得既定的投资效益所必需的。

### 3. 工程计价是筹集建设资金的依据

投资体制的改革和市场经济的建立，要求项目的投资者必须有很强的筹资能力，以保证工程建设有充足的资金供应。工程计价基本确定了建设资金的需要量，从而为筹集资金提供了比较准确的依据。当建设资金来源于金融机构的贷款时，金融机构在对项目的偿贷能力进行评估的基础上，也需要依据工程估价来确定给予投资者的贷款数额。

### 4. 工程计价是合理效益分配和调节产业结构的手段

在市场经济中，工程价格受供求状况的影响，并在围绕价值的波动中实现对建设规模、产业结构和利益分配的调节。政府采取正确的宏观调控和价格政策导向，可以使工程计价在这方面的作用更加明显。

### 5. 工程计价是承包商加强成本控制的依据

在价格一定的条件下，企业实际成本决定企业的盈利水平，成本越高盈利越低，成本高于价格就危及企业的生存，所以企业要利用工程计价提供的信息资料作为控制成本的依据。

### 6. 工程计价是评价投资效益的依据

工程计价是评价土地价格、建筑安装产品和设备价格的合理性的依据；工程计价是评价建设项目偿贷能力、获利能力的依据；工程计价也是评价承包商管理水平和经营成果的重要依据。

## 二、各阶段工程计价

建设工程概预算包括设计概算和施工图预算，两者都是确定拟建工程预期造价的文件，而在建设项目完全竣工以后，为反映项目的实际造价和投资效果，还必须编制竣工决算。除此以外，由于建设工程工期长、规模大、造价高，需要按建设程序分段建设。在项目建设全过程中，根据建设程序的要求和国家有关文件规定，还要编制其他有关的经济文件。

### （一）投资估算

投资估算一般是指在工程项目建设的前期工作（规划、项目建议书）阶段，项目建设单位向国家计划部门申请建设项目立项或国家、建设主体对拟建项目进行决策，确定建设项目在规划、项目建议书等不同阶段的投资总额而编制的造价文件。

任何一个拟建项目，都要通过全面的可行性论证后，才能决定其是否正式立项或投资建设。在可行性论证过程中，除考虑国民经济发展上的需要和技术上的可行性外，还要考虑经济上的合理性。投资估算是在建设前期各个阶段工作中，作为论证拟建项目在经济上是否合理的重要文件，是决策、筹资和控制造价的主要依据。

### （二）设计概算和修正概算造价

设计概算是设计文件的重要组成部分。它是由设计单位根据初步设计图纸、概算定额规定的工程量计算规则和设计概算编制方法，预先测定工程造价的文件。设计概算文件较投资估算准确性有所提高，但又受投资估算的控制。设计概算文件包括建设项目总概算、单项工程综合概算和单位工程概算。

修正概算造价是在扩大初步设计阶段对概算进行的修正调整，较概算造价准确，但受概算造价控制。

### （三）施工图预算

施工图预算造价是指施工单位在工程开工前，根据已批准的施工图纸，在施工方案（或施工组织设计）已确定的前提下，按照预算定额规定的工程量计算规则和施工图预算编制方法预先编制的工程造价文件。施工图预算造价较概算造价更为详尽和准确，但同样要受前一阶段所确定的概算造价的控制。

### （四）招标控制价

招标人根据国家或省级、行业建设主管部门颁发的有关计价依据和办法，按设计施工图纸计算的，对招标工程限定的最高工程造价。

### （五）投标报价

投标报价是投标人投标时报出的工程造价。

### （六）合同价

合同价是指在工程招投标阶段通过签订总承包合同、建筑安装工程承包合同、设备材料采购合同，以及技术和咨询服务合同所确定的价格。合同价属于市场价格，它是由承发包双方，即商品和劳务买卖双方根据市场行情共同议定和认可的成交价格，但它并不等同于实际工程造价。按计价方式不同，建设工程合同一般表现为3种类型，即总价合同、单价合同和成本加酬金合同。对于不同类型的合同，其合同价的内涵也有所不同。

### （七）工程结算价

工程结算价是指一个单项工程、单位工程、分部工程或分项工程完工后，经建设单位及有关部门验收并办理验收手续后，施工企业根据施工过程中现场实际情况的记录、设计变更通知书、现场工程更改签证、预算定额、材料预算价格和各项费用标准等资料，在工程结算时按合同调价范围和调价方法，对实际发生的工程量增减、设备和材料价差等进行调整后计算和确定的价格。结算价是该结算工程的实际价格。结算一般有定期结算、阶段结算和竣工结算等方式。它们是结算工程价款、确定工程收入、考核工程成本、进行计划统计、经济核算及竣工决算等的依据，其中竣工结算是反映上述工程全部造价的经济文件。以此为依据，通过银行向建设单位办理完工结算后，就标志着双方所承担的合同义务和经济责任的结束。

### （八）竣工决算

竣工决算是指在竣工验收后，由建设单位编制的建设项目从筹建到建设投产或使用的全部实际成本的技术经济文件。它是最终确定的实际工程造价，是建设投资管理的重要环节，是工程竣工验收、交付使用的重要依据，也是进行建设项目财务总结，银行对其实行监督的必要手段。竣工决算的内容由文件说明和决算报表两部分组成。

上述几种造价文件之间存在的差异见表1-17。

表 1-17 不同阶段工程造价文件的对比

| 类型 | 投资估算 | 设计概算、修正概算 | 施工图预算（清单报价） | 合同价 | 结算价 | 竣工决算 |
|---|---|---|---|---|---|---|
| 编制阶段 | 项目建议书、可行性研究 | 初步设计、扩大初步设计 | 招投标 | 招投标 | 施工 | 竣工验收 |
| 编制单位 | 建设单位、工程咨询机构 | 设计单位 | 施工单位或工程咨询机构 | 承发包双方 | 施工单位 | 建设单位 |
| 编制依据 | 投资估算指标 | 概算定额 | 预算定额 | 概预算定额、工程量清单计价规范 | 预算定额、工程量清单、设计及施工变更资料 | 预算定额、工程量清单、工程建设其他费用定额、竣工决算资料 |
| 用途 | 投资决策 | 控制投资及造价 | 编制标底、投标报价等 | 确定工程承发包价格 | 确定工程实际建造价格 | 确定工程项目实际投资 |

## 三、工程计价方法

工程计价方法

### （一）我国适用的计价方法

#### 1. 建设工程定额计价方式

建设工程定额计价是我国长期以来在工程价格形成中采用的计价方式，是国家通过颁布统一的估价指标、概算指标、概算定额、预算定额和相应的费用定额，对产品价格进行有计划管理的一种方式。

定额计价方法即“工料单价法”，是指计价过程中单价采用分部分项工程的不完全价格（包括人工费、材料费和机械台班使用费）的一种计价方法。在计价中以定额为依据，按定额规定的分部分项子目，逐项计算工程量，套用定额单价（或单位估价表）确定直接费，然后按规定取费标准确定构成工程价格的其他费用和利税，获得建设安装工程造价。建设工程概预算书就是根据不同设计阶段设计图纸和国家规定的定额、指标及各项费用取费标准等资料，预先计算和确定的新建、扩建、改建或单位工程的建设费用，实质上就是相应工程的计划价格。

#### 2. 工程量清单计价方式

工程量清单计价方式，是建设工程招标投标中，按照国家统一的工程量清单计价规范，招标人或委托具有资质的中介机构编制反映工程实体消耗和措施消耗的工程量清单，并作为招标文件的一部分提供给投标人，由投标人依据工程量清单，根据消耗量定额以及各种渠道所获得的工程造价信息和经验数据，结合企业自身情况自主报价的计价方式。

工程量清单计价方法即“综合单价法”，是指计价过程中单价采用完成规定清单项目的相对完全价格（包括人工费、材料和工程设备费、机械台班使用费、企业管理费、利润和风险费）的一种计价方法。

我国现行建设行政主管部门发布的工程预算定额消耗量有关费用及相应价格是按照社会平均水平编制的，以此为依据形成的工程造价基本上属于社会平均价格。这种平均价格可作为市场竞争的参考价格，但不能充分反映参与竞争企业的实际消耗和技术管理水平，有一定程度上限制了企业的公平竞争。采用工程量清单计价能够反映出工程个别成本，有利于企业自主报价和公平竞争；同时，实行工程量清单计价，工程量清单作为招标文件和合同文件的重要组成部分，对于规范招标人计价行为，在技术上避免招标中弄虚作假和暗箱操作及保证工程款的支付结算都会起到重要作用。

目前我国建设工程造价实行“双轨制”计价管理办法，即定额计价方法和工程量清单计价方法。工程量清单计价作为一种市场价格的形成机制，主要在工程招投标和结算阶段使用。

### （二）浙江省工程计价方法

《浙江省建设工程计价规则》（2018 版）第 3.3.1 条规定：建筑安装工程统一按照工程量清单计价即“综合单价法”进行计价，包括国标工程量清单计价和定额项目清单计价两种。两种计价方法的对比见表 1-18。

表 1-18　国标工程量清单计价与定额项目清单计价的对比表

| | | 定额清单计价 | 国标清单计价 |
|---|---|---|---|
| 相同点 | | 采用综合单价计价 | |
| 不同点 | 1. 适用范围不同 | 非国有资金投资建设项目 | 国有资金投资建设项目 |
| | 2. 工程量计算规则不同 | 依据《浙江省房屋建筑与装饰工程预算定额》（2018 版）工程量计算规则 | 依据《房屋建筑与装饰工程工程量计算规范》（GB 50854—2013）计算规则 |
| | 3. 项目划分不同 | 所含内容相对单一，一般一个项目只包含一项工程内容 | 基本以一个综合实体考虑，一般一个清单项目包含多项工程内容 |
| | 4. 采用的消耗量标准不同 | 社会平均消耗量水平 | 企业先进消耗量水平 |

## 【小结】

本任务主要介绍了工程计价的定义、特点和作用，以及我国现阶段所采用的计价方法。重点应把握不同阶段工程造价文件的对比，掌握浙江省两种清单计价的异同点。

## 【思考与练习题】

### 一、单项选择题

1. 工程计价采用的方法是（　　）。

A. 工料单价法　　B. 综合单价法　　C. 定额基价法　　D. 预算单价法

2. 以下（　　）工程项目可以不采用国标工程量清单计价。

A. 国家投资的工程项目　　B. 国家融资的工程项目

C. 国有资金占 51% 的工程项目　　D. 自筹资金的工程项目

3. 根据我国工程建设特点，投标人应有限承担的风险是（　　）。

A. 政策风险　　B. 技术风险　　C. 管理风险　　D. 市场风险

4. 以下不属于综合单价范畴的是（　　）。

A. 管理费　　B. 规费　　C. 风险费　　D. 利润

## 二、多项选择题

1. 综合单价里没有包含的内容有（　　）。

A. 利润　　B. 规费　　C. 税金　　D. 风险

2. 清单计价模式符合风险分配原则，建设单位承担了（　　）的风险。

A. 列项　　B. 算量　　C. 单价　　D. 计费

3. 施工预算由（　　）编制，是体现（　　）的文件。

A. 建设单位　　B. 施工单位　　C. 社会成本　　D. 企事业个别成本

4. 既属于工料单价也属于综合单价的内容有（　　）。

A. 人工费　　B. 材料费　　C. 企业管理费　　D. 机械设备费

5. 工程结算是在（　　）由（　　）编制。

A. 工程施工阶段　　B. 工程竣工验收阶段

C. 建设单位　　D. 施工单位

## 三、简答题

1. 什么是工程计价？工程计价的作用有哪些？
2. 请比较建设项目不同阶段的工程造价文件有何不同之处。
3. 试比较我国现阶段两种清单计价模式的异同。

## 四、判断题

1. 建筑安装工程统一按照综合单价法进行计价，包括国标工程量清单计价和定额项目清单计价两种。（　　）
2. 设计概算由建设单位编制。（　　）
3. 设计概算是控制投资估算的数额。（　　）
4. 工程结算由施工单位编制。（　　）
5. 看不懂施工图也能计算工程量。（　　）
6. 施工图预算在工程承包合同签订之后编制。（　　）
7. 施工图预算受设计概算的控制。（　　）
8. 投资估算由承包商编制。（　　）
9. 预算定额是建设单位颁发的。（　　）
10. 施工图预算是控制设计概算的数额。（　　）

# 项目2

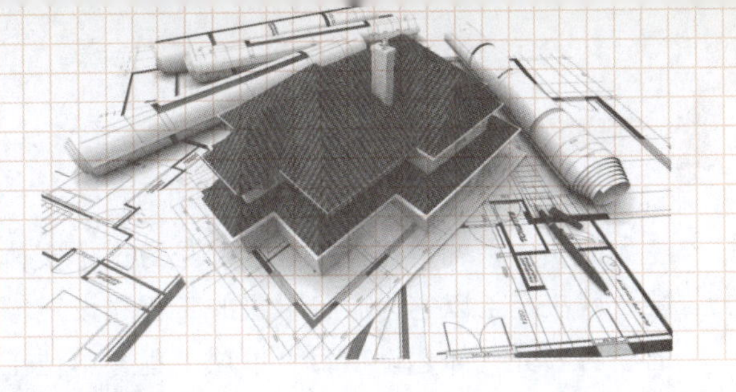

# 定额计价基础

## 任务1　建设工程定额概述

### 一、建设工程定额的概念与特点

定额的概念与特性

#### （一）概念

定额是指在一定的技术和组织条件下，生产质量合格的单位产品所消耗的人力、物力、财力和时间等的数量标准。定额由国家、地方、部门或企业颁发。

定额反映一定时期内的社会生产力水平，定额具有平均先进性。它促进生产者在一定客观条件下，通过主观努力达到或超过定额水平标准。

定额还具有经济性、技术性、政策性和群众性的特点，其经济性表现在为项目评估决策、控制项目投资、确定工程造价、全面经济核算提供合理的尺度；其技术性表现在它直接与施工工艺和施工方法有关，并具有独自的表现方式和计算方法；其政策性表现在它必须正确处理国家、企业和劳动者个人三者之间的利益关系；其群众性则表现在它必须为广大企业和工人所接受，并在实践中证明是切实可行的。

工程建设定额是指在一定的技术组织条件下，预先规定消耗在单位合格建筑产品上的人工、材料、机械、资金和工期的标准额度，是建筑安装工程预算定额、概算定额、施工定额和工期定额等的总称。

#### （二）特点

##### 1. 科学性

建设工程定额的科学性包括两重含义。一是指建设工程定额必须和生产力发展水平相适应，反映出工程建设中生产消费的客观规律。否则，它就难以作为国民经济中计划调节、组织、预测、控制工程建设的可靠依据，难以实现它在管理中的作用。二是指建设工程定额管理在理论、方法和手段上必须科学化，以适应现代科学技术和信息社会发展的需要。

此外，其科学性还表现在定额制定和贯彻的一体化上。制定是为了提供贯彻的依据，贯彻是为了实现管理的目标，也是对定额的信息反馈。

##### 2. 系统性

建设工程定额是相对独立的系统，它是由多种定额结合而成的有机的整体。它的结构复杂，有鲜明的层次，有明确的目标。

建设工程定额的系统性是由工程建设的特点决定的。按照系统论的观点，工程建设就是庞大的实体系统，建设工程定额是为这个实体系统服务的。因为工程建设本身的多种类、多层次就决定了以它为服务对象的工程建设定额的多种类、多层次。各类工程的建设都有严格的项目划分，如建设项目、单项工程、单位工程、分部工程、分项工程；在计划和实施过程中有严密的逻辑阶段，如规划、可行性研究、设计、施工、竣工交付使用，以及投入使用后的维修，与此相适应必然形成工程建设定额的多种类、多层次。

#### 3. 统一性

建设工程定额的统一性，主要是由国家对经济发展的宏观调控职能决定的，为了使国民经济按照既定的目标发展，就需要借助于某些标准、定额、参数等，对工程建设进行规划、组织、调节、控制；而这些标准、定额、参数必须在一定范围内是一种统一的尺度，才能实现上述职能，才能利用它对项目的决策、设计方案、投标报价、成本控制进行比选和评价。

建设工程定额的统一性按照其影响力和执行范围来看，有全国统一定额、地区统一定额和行业统一定额等，层次清楚，分工明确；按照定额的制定、颁布和贯彻使用来看，有统一的程序、统一的原则、统一的要求和统一的用途。

#### 4. 权威性和强制性

主管部门通过一定程序审批颁发的工程建设定额，具有很大权威性，这种权威性在一些情况下具有经济法规性质和执行的强制性。权威性反映统一的意志和统一的要求，也反映信誉和信赖程度，而建设工程定额的权威性和强制性的客观基础是定额的科学性。在当前市场不规范的情况下，赋予建设工程定额以强制性是十分重要的，它不仅是定额作用得以发挥的有力保证，而且也有利于理顺工程建设有关各方的经济关系和利益关系。但是，这种强制性也有相对的一面。在竞争机制引入工程建设的情况下，定额的水平必然会受市场供求状况的影响，从而在执行中可能产生浮动。准确地说，这种强制性不过是一种限制，一种对生产消费水平的合理限制，而不是对降低生产消费的限制，不是限制生产力的发展。应该指出的是，在社会主义市场经济条件下对定额的权威性和强制性不应绝对化。定额的权威性虽有其客观基础，但定额毕竟是主观对客观的反映，定额的科学性会受到人们认识的局限。与此相关，定额的权威性也就会削弱，定额的强制性也受到了新的挑战。在社会主义市场经济条件下，随着投资体制的改革和投资主体多元化格局的形成，随着企业经营机制的转换，投资者和承包商都可以根据市场的变化和自身的情况，自主地调整自己的决策行为。在这里，一些与经营决策有关的工程建设定额的强制性特征，也就弱化了。但直接与施工生产相关的定额，在企业经营机制转换和增长方式转换的要求下，其权威性和强制性还必须进一步强化。

#### 5. 稳定性和时效性

建设工程定额中的任何一种都是一定时期技术发展和管理的反映，因而在一段时期内都表现出稳定的状态。稳定的时间有长有短，一般在5~10年。社会生产力的发展有一个由量变到质变的变动周期，当生产力向前发展了，原有定额已不能适应生产需要时，就要根据新的情况对定额进行修订、补充或重新编制。

随着我国社会主义市场经济的不断发展，定额的某些特点也会随着建筑体制的改革发展而变化，如强制性成分会逐步减少，指导性、参考性成分会更加突出。

## 二、建设工程定额的起源

定额是资本主义企业科学管理的产物，最先由美国工程师弗雷德里克·泰罗（1856~1915 年）开始研究。

在 20 世纪初，为了通过加强管理提高劳动生产率，泰罗将工人的工作时间划分为若干个组成部分，如划分为准备工作时间、基本工作时间、辅助工作时间等。然后用秒表来测定完成各项工作所需的劳动时间，以此为基础制定出工时消耗定额，作为衡量工人工作效率的标准。

在研究工人工作时间的同时，泰罗又把工人程劳动中的操作过程分解为若干个操作步骤，去掉那些多余和无效的动作，制定出能节省工作时间的操作方法，以期达到提高工效的目的。可见，工时消耗定额是建立在先进合理的操作方法基础之上的。制定科学的工时定额，实行标准的操作方法，采用先进的工具设备，再加上有差别的计件工资制，这就构成了“泰罗制”的主要内容。

泰罗制给资本主义企业管理带来了根本的变革。因而，在资本主义管理史上，泰罗被尊为“科学管理之父”。

我国建筑工程定额从无到有，从不完善到逐步完善，经历了一个从分散到集中、集中到分散，又由分散到集中统一领导与分级管理相结合的发展过程。新中国成立以来，国家十分重视建筑工程定额的测定和管理。1955 年，劳动部和建筑工程部编制颁发了全国统一的《建筑工程预算定额》，1957 年又在 1955 年的基础上进行了修订，重新颁发了全国统一的《建筑工程预算定额》。这以后，国家建委将预算定额的编制和管理工作下放到各省、市、自治区，各地先后组织编制了本地区使用的建筑工程预算定额。

在党的十一届三中全会以后，工程建设定额管理得到了进一步发展，陆续编制颁发了许多建筑安装工程定额，主要包括：

1981 年国家建委印发了《建筑工程预算定额》（修改稿）。

1986 年国家计委印发了《全国统一安装工程预算定额》，共计 15 册。

1988 年建设部编制《仿古建筑及园林工程预算定额》，共计 4 册。

1992 年建设部颁发了《建筑装饰工程预算定额》。

1995 年建设部颁发了《全国统一建筑工程基础定额》（土建部分）及《全国统一建筑工程预算工程量计算规则》，各省、市、自治区在此基础上编制了新的地区建筑工程预算定额。

2003 年建设部颁发了《建设工程工程量清单计价规范》（GB 50500—2003），并于 2003 年 7 月 1 日起执行。

2008 年住房和城乡建设部颁发了《建设工程工程量清单计价规范》（GB 50500—2008），并于 2008 年 12 月 1 日起实施。

2009 年住房和城乡建设部、人力资源和社会保障部联合颁发了《建设工程劳动定额》（LD/T 73.1~4—2008），并于 2009 年 3 月 1 日起实施。

2012 年住房和城乡建设部和质量监督检验检疫总局联合颁发了《建设工程工程量清单计价规范》（GB 50500—2013），并于 2013 年 7 月 1 日起实施。

由此可见，国家对工程建设定额的制定和管理是十分重视的，同时也说在现阶段各类定额仍是工程建设管理的主要依据之一。

## 三、建设工程定额的分类

### （一）按生产因素分

#### 1. 劳动定额

劳动定额又称人工定额，是指在正常施工技术组织条件下，完成单位合格产品所必需的劳动消耗数量。

#### 2. 材料消耗定额

材料消耗定额是指在合理的施工条件和合理使用材料的情况下，生产单位质量合格产品所需一定品种规格材料、半成品和配件等的数量标准。

#### 3. 机械使用定额

机械使用定额是指在合理的施工组织和合理使用机械的条件下，完成单位质量合格产品所必须消耗的机械台班数量标准。

### （二）按定额编制程序和用途分

#### 1. 投资估算指标

投资估算指标是在可行性研究阶段作为技术经济比较或建设投资估算的依据，是由概算定额综合扩大和统计资料分析编制而成的。

#### 2. 概算定额

概算定额是编制初步设计概算和修正概算的依据。

#### 3. 预算定额

预算定额是编制施工图预算和招标标底及投标报价的依据，也是工程中计算劳动力、材料、机械数量的一种定额。

#### 4. 施工定额

施工定额是施工企业内部作为编制施工作业计划、进行工料分析、签发工程任务单和考核预算成本完成情况的依据。

### （三）按编制单位和执行范围分

#### 1. 全国统一定额

全国统一定额又称国家定额，是指在全国范围内统一执行的定额，一般由国务院有关部门编制和颁发。

#### 2. 主管部门定额

主管部门定额是由一个主管部门或几个主管部门组织编制颁发，在主管部门所属单位执行的定额。

#### 3. 地方定额

地方定额是指省、自治区、直辖市根据地方工程特点，编制颁发的在不宜执行国家或主管部门定额的情况下，在本地区执行的定额。

#### 4. 企业定额

企业定额是指企业在其生产经营过程中，在国家定额、主管部门定额、地方定额的基础上，根据工程特点和自身积累的资料，自行编制并在企业内部执行的定额。

### （四）按专业性质分

工程定额按照其服务的专业不同，又可以分为建筑工程定额、安装工程定额、装饰工程定额、市政工程定额、仿古建筑及园林工程定额、公路工程定额、铁路工程定额和井巷工程定额等。

施工定额

## 四、建设工程定额的编制

### （一）施工定额

#### 1. 施工定额的概念

施工定额是直接应用于工程施工管理的定额，是编制施工预算、实行施工企业内部经济核算的依据，它是以施工过程为研究对象，根据本施工企业生产力水平和管理水平制定的内部定额。

施工定额是规定建筑安装工人或班组在正常施工条件下，完成单位合格产品的人工、机械和材料消耗的数量标准。它是由国家、地区、行业部门或施工企业以技术要求为根据制定的，是基本建设中最重要的定额之一。它既体现国家对建筑安装施工企业管理水平和经营成果的要求，也体现国家和施工企业对操作工人的具体目标要求。

#### 2. 施工定额的编制依据

1）国家的经济政策和劳动制度，如工资制度、工作制度、劳动保护制度等。

2）有关规范、规程、标准，如现行国家建筑安装工程施工验收规范、技术安全操作规程和有关标准。

3）技术测定和统计资料，主要指现场技术测定数据和工时消耗的单项或综合统计资料。

#### 3. 施工定额的内容

（1）劳动定额　劳动定额按其表现形式不同分为时间定额和产量定额。

1）时间定额：指某专业技术等级的工人班组或个人，在合理的劳动组织与一定的生产技术条件下，为生产单位合格产品所必须消耗的工作时间。定额时间包括准备时间与结束时间、基本生产时间、辅助生产时间、不可避免的中断时间及工人必需的休息时间。时间定额以工日为单位，其计算方法如下：

$$单位产品时间定额(工日)=\frac{1}{每工日产量}$$

2）产量定额：指在一定的劳动组织与生产技术条件下某种专业技术等级的工人班组或个人，在单位工时所应完成的合格产品数量。其计算方法如下：

$$每工日产量=\frac{1}{单位产品时间定额(工日)}$$

产量定额的计算单位视具体产品的性质分别选用 m、$m^2$、$m^3$、t、根、块等表示。时间定额与产量定额互为倒数。

（2）材料消耗定额　材料消耗定额包括生产合格产品的消耗量与损耗量两部分。其中，消耗量是产品本身所必须占有的材料数量，材料损耗量包括操作损耗和场内运输损耗。建筑工程材料可分为直接性消耗材料和周转性消耗材料两类。

$$材料消耗量=净耗量+损耗量$$

式中，损耗量是指合理损耗量，即在合理使用材料情况下的不可避免损耗量，其多少常用损耗率来表示。

1）$材料损耗率=\frac{材料损耗量}{材料净用量}\times100\%$

2）材料损耗量=材料净用量×材料损耗率

3）材料消耗量=材料净用量+材料损耗量=材料净用量×(1+损耗率)

材料消耗定额是加强企业管理和经济核算的重要工具，是确定材料需要量和储备量的依据，是施工企业对施工班组实施限额领料的依据，是减少材料积压、浪费，促进合理使用材料的重要手段。

(3) 机械台班定额　机械台班定额是施工机械生产率的反映，单位一般用“台班”表示。可分为时间定额和产量定额，两者互为倒数。

1）机械时间定额：在正常的施工条件和劳动组织条件下，使用某种规格型号的机械，完成单位合格产品所必须消耗的台班数量。

$$机械时间定额=\frac{1}{机械台班产量定额}$$

2）机械台班产量定额：在正常的施工条件和劳动组织条件下，某种机械在一个台班内生产合格产品的数量。

$$机械台班产量定额=\frac{1}{机械时间定额}$$

### （二）预算定额

#### 1. 预算定额的概念

预算定额是完成单位分部分项工程所需的人工、材料和机械台班消耗的数量标准。它是将完成单位分部分项工程项目所需的各个工序综合在一起的综合定额。预算定额由国家或地方有关部门组织编制、审批并颁发执行。

预算定额

#### 2. 预算定额的作用

1）预算定额是编制建筑安装工程施工图预算和确定工程造价的依据。

2）预算定额是对设计的结构方案进行技术经济比较，对新结构、新材料进行技术经济分析的依据。

3）预算定额是编制施工组织设计时，确定劳动力、材料和施工机械需要量的依据。

4）预算定额是工程竣工结算的依据。

5）预算定额是施工企业贯彻经济核算、进行经济活动分析的依据。

6）预算定额或综合预算定额是编制概算定额的基础。

7）预算定额是编制招标控制价和报价的参考。

### （三）预算定额与施工定额的关系

预算定额的编制必须以施工定额的水平为基础。预算定额不是简单套用施工定额的水平，还考虑了更多的可变因素，如工序搭接的停歇时间，常用工具如施工机械的维修、保养、加油、加水等所发生的不可避免的停工损失。所以，确定预算定额水平时，要相对降低一些。根据我国的实践经验，一般预算定额应低于施工定额水平的5%~7%。

### （四）概算定额

#### 1. 概算定额的概念

建筑工程概算定额也叫扩大结构定额，它规定了完成一定计量单位的扩大结构构件或扩大分项工程所需的人工、材料和机械台班的数量标准。

概算定额和概算指标

概算定额是以预算定额为基础，根据通用图和标准图等资料，经过适当综合扩大编制而成的。

#### 2. 概算定额的作用

1）编制初步设计概算和修正概算的依据。

2）编制机械和材料需用计划的依据。

3）设计方案进行经济比较的依据。

4）编制估算指标的基础。

### （五）概算指标

概算指标通常以整个建筑物和构筑物为对象，以建筑面积、体积或成套设备装置的台套为计量单位而规定的人工、材料、机械台班消耗量标准和造价指标。一般在概算定额的基础上考虑投资估算工作深度和精度综合扩大 10%。

【职业先锋】

#### 遵守规则的小故事

7 月初的一个早晨，恒济增压泵站工地上，几个工人的操作被喊停。大家正在迷惑不解的时候，泵站专监沈宏说："我一大早刚到工地，就发现你们采用的是自拌砂浆，但招标文件上写得清清楚楚，必须采用干拌砂浆。自拌砂浆在强度上不能得到充分的保证，这里的施工必须暂停，已经砌筑好的墙必须立刻返工。"

听到这样的话，工人们情绪不太高，有的人开始埋怨起来。沈宏见状，把利弊关系给大家进行讲解，把工程的重要性给大家进行分析，工人们听后不再有埋怨。

施工时间不能耽误。安抚好工人的情绪后，沈宏随即回到办公室签发监理工程师通知单，交给施工单位。接下来的施工中，施工单位严格按照招标文件要求，采用干拌砂浆进行了返工处理。

**【点评】**

社会生产需要有各种各样的规则，并且每个人都应自觉地尊重规则、遵守规则。建设工程定额就是我们在各类工程计价过程中所应依据、遵循的标准和计算规则，它具有科学性、系统性、权威性、统一性和强制性，作为新时代的造价人，应该成为我国建设工程领域政策的推广者和执行者。

## 【小结】

本任务主要介绍了工程定额的概念、特性和分类；施工定额的概念和内容；预算定额的概念和作用。重点应掌握工程定额按不同方式的分类，劳动定额和产量定额的应用以及施工定额和预算定额的区别和联系。

## 【思考与练习题】

### 一、单项选择题

1. 以下（　　）表示的是人工产量定额。

A. 工日/$m^3$　　B. 台班/$m^3$　　C. $m^3$/台班　　D. 块/工日

2. 某工程铺贴地砖，已知要完成铺贴的地砖工程量为 $S$，相应的时间定额为 $T$，参与该项工作的工人人数为 $N$，产量定额为 $C$，则完成该项工作所需要的时间为（　　）。

A. $TSN$　　B. $S/TN$　　C. $TS/N$　　D. $C/SN$

3. 施工企业为了组织生产和加强管理，在企业内部使用的一种定额叫（　　）。

A. 施工定额　　B. 预算定额　　C. 概算定额　　D. 工期定额

4. 不是建设工程定额特点的是（　　）。

A. 科学性　　B. 系统性　　C. 法令性　　D. 稳定性与时效性

5. 以下（　　）表示的是机械台班时间定额。

A. 工日/$m^3$　　B. 台班/$m^3$　　C. kg/台班　　D. 台班/工日

## 二、多项选择题

1. 按照生产因素对定额进行分类，可分为（　　）。

A. 时间定额　　B. 材料消耗定额　　C. 劳动定额　　D. 产量定额

2. 概算定额是（　　）的主要依据。

A. 编制施工图预算　　B. 扩大初步设计阶段编制设计概算

C. 施工图设计阶段编制设计概算　　D. 编制施工预算

3. 预算定额一般由（　　　　）构成。

A 项目名称　　B. 单位　　C. 人工、材料、机械台班消耗量　　D. 利润

4. 以下属于计价定额的是（　　）。

A. 概算定额　　B. 预算定额　　C. 企业定额　　D. 施工定额

## 三、简答题

1. 什么是工程定额？它是如何分类的？

2. 简述施工定额的内容。

3. 试比较施工定额和预算定额的区别和联系。

## 四、判断题

1. 建筑工程定额是指在合理技术条件下，生产单位产品所必须消耗的人工、材料、机械台班的数量标准。（　　）

2. 劳动定额是企业内部定额。（　　）

3. 根据“国家宏观调控、市场竞争形成价格”的现行工程造价的确定原则，人工单价是由市场形成，国家或地方不再定级定价。（　　）

4. 平均先进水平比平均水平的消耗量高。（　　）

5. 劳动定额按其表现形式不同可分为时间定额和产量定额，两者互为倒数。（　　）

6. 施工定额的定额水平是平均先进水平。（　　）

7. 预算定额研究对象是分部分项工程或结构构件。（　　）

8. 凡是预算定额子目都有材料或人工消耗量和单价。（　　）

9. 预算定额的项目划分比施工定额粗。（　　）

10. 材料消耗定额是编制施工图预算的依据。（　　）

人工消耗量指标的确定

# 任务2　预算定额的应用

## 一、预算定额消耗量的确定

### （一）人工消耗量指标的确定

预算定额中人工消耗量指标，包括完成一定计量单位的分项工程所需要的各种用功数量。人工消耗量指标的确定有两种方法：一种是以施工定额为基础，另一种是以现场观测的资料为资料来计算。

#### 1. 以劳动定额为基础的人工工日消耗量的确定

人工工日消耗量的确定包含基本用工和其他用工，如图 2-1 所示。

（1）基本用工　基本用工是指完成该分项工程的主要用工量。例如，在完成混凝土基础工程中的混凝土搅拌、水平运输、浇捣和养护等所需的工日数量。预算定额是综合性的，因此包含的工程内容很多。

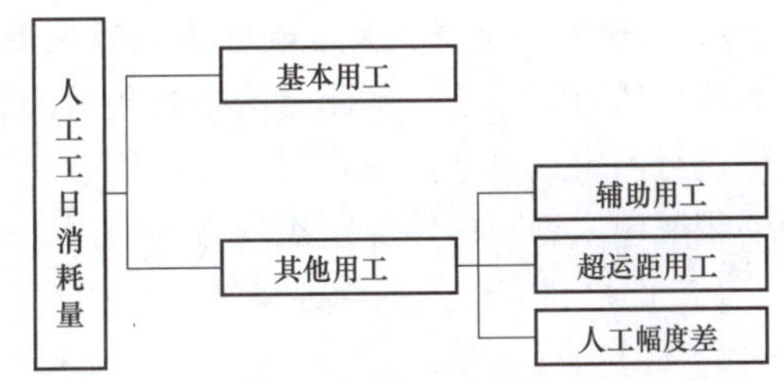


图 2-1　人工工日消耗量的组成

基本用工量应按综合取定的工程量和劳动定额中相应的时间定额进行计算，即

基本用工消耗量 = Σ（各工序工程量×相应的劳动定额）

（2）其他用工　其他用工是指劳动定额中没有包含的而在预算定额中又必须考虑进去的工时消耗，其内容包括材料及半成品超运距用工、辅助用工和人工幅度差。

1）超运距用工：是指预算定额中材料、半成品、成品的运输距离超过了劳动定额所规定的运距所需要增加的用工量，计算公式为

超运距 = 预算定额中取定的运距-劳动定额中已包含的运距

超运距用工消耗量 = Σ（超运距材料的数量×相应的劳动定额）

2）辅助用工：是指劳动定额中没有包括，但在预算定额内又必须要考虑的用工。例如，筛砂子、淋石灰膏等。计算公式为

辅助用工 = Σ（材料加工数量×相应的劳动定额）

3）人工幅度差：包含两个方面，一是指劳动定额作业时间没有包括，但在正常的施工条件下又不可避免的各种工时损失，二是由于预算定额和劳动定额的定额水平不同而引起的水平差。工时损失的内容主要包括：①各种工种的工序施工之间的搭接，交叉作业互相配合发生的停歇用工；②施工机械的临时维修、在单位工程之间转移及临时水电线路移动所造成的不可避免的工作停歇时间；③质量检查和隐蔽工程验收工作对工人操作时间的影响；④班组操作地点在单位工程内的转移用工；⑤工序交接时，对前一道工序不可避免的修整用工；⑥施工中不可避免的其他零星用工。

由于上述因素不变计算出工程量，因此人工幅度差的计算需要确定一个合理的增加比例，即人工幅度差系数。人工幅度差的计算公式为

人工幅度差 =（基本用工+超运距用工+辅助用工）×人工幅度差系数

一般来说，人工幅度差系数的取定范围在10%~15%。

汇总以上各项需要考虑的因素，可以得出人工消耗量指标的计算公式为

人工消耗量指标=基本用工+其他用工

=基本用工+超运距用工+辅助用工+人工幅度差

=(基本用工+超运距用工+辅助用工)×(1+人工幅度差系数)

【例2-1】 某砖混结构墙体砌筑工程，完成$10m^3$砌体基本用工为工日13.5工日，辅助用工2.0工日，超运距用工1.5工日，人工幅度差系数为10%，求该砌筑工程预算定额中的人工消耗量。

解：人工消耗量=(基本用工+超运距用工+辅助用工)×(1+人工幅度差系数)

=(13.5+1.5+2.0)×(1+10%)

=18.7工日/$10m^3$

#### 2. 以现场测定资料为基础的人工消耗量的确定

该方法可以采用技术测定法中的测时法、现场工作日写实法、写实记录法等对工时消耗数值进行测定，再考虑一定的人工幅度差来计算预算定额的人工消耗量。此种方法仅适用于劳动定额中未列项的预算定额项目的编制。

### (二) 材料消耗量指标的确定

#### 1. 材料消耗量的含义

材料消耗量指标的确定

材料消耗量是指完成单位合格产品所必须消耗的材料数，按照用途可以分为以下四种：

(1) 主要材料　主要材料是指直接构成工程实体的材料，其中也包含成品、半成品的材料。

(2) 辅助材料　辅助材料是指构成工程实体除了主要材料以外的其他材料，如铁钉、铅丝等。

(3) 周转材料　周转材料是指脚手架、模板等多次周转使用的不构成工程实体的摊销性材料。

(4) 其他材料　其他材料是指用量较少、难以计量的零星材料，如棉纱、编号用的油漆等。

#### 2. 材料消耗量的计算方法

材料消耗量的计算方法主要有以下几种：

1) 凡有标准规格的材料，按规范要求计算定额计量单位的耗用量，如防水卷材、块料面层等。

2) 凡涉及图纸标注尺寸及下料要求的按涉及图纸尺寸计算材料净用量，如门窗制作用材料。

3) 换算法：对于各种胶结材料、涂料等材料的配合比用料，可以要求条件换算，得出材料的用量。

4) 测定法：测定法包括试验室试验法和现场观察法。

试验室试验法是指各种强度等级的混凝土及砌筑砂浆配合比的耗用原材料数量的计算，需要按照规范要求试配经过试压合格以后并经过必要的调整后得出的水泥、砂子、石子、水等的用量。

对于新材料、新结构又不能用其他方法计算定额消耗量时，需用现场测定的方法来确定，根据不同条件可以采用写实记录法和观察法，得出定额的消耗量。

预算定额中的材料消耗量指标一般是由材料净用量和损耗量两部分构成的，材料的损耗量是指在正常条件下不可避免的材料的损耗，如现场内材料运输及施工操作过程中的损耗等。

### 3. 其他材料的确定

一般按工艺测算并在定额项目材料计算表内列出名称、数量，并依照编制期的价格以其他材料占主要材料的比率来计算，列在定额材料栏下面，定额内可以不列出材料的名称及消耗量。

## （三）机械台班消耗量指标的确定

机械台班消耗量指标的确定

预算定额中的机械台班消耗量是指在正常施工条件下，生产单位合格产品（分部分项工程或结构构件）所必须消耗的某种型号的施工机械的台班数量。机械台班消耗量的确定有两种方法，一种是以施工定额为基础的机械台班消耗量的确定，另一种是以现场实测数据为基础的机械台班消耗量的确定。

### 1. 施工定额为基础的机械台班消耗量的确定

此种方法是指以施工定额或劳动定额中机械台班产量加机械幅度差来计算预算定额中的机械台班消耗量，计算公式如下：

预算定额机械耗用台班=施工定额中机械台班耗用量+机械幅度差

=施工定额中机械台班耗用量×(1+机械幅度差系数)

机械幅度差是指施工定额中没有包括，但是实际施工中又必须发生的机械台班用量。其主要考虑以下内容：

1）施工机械转移工作面及配套机械相互影响损失的时间。

2）在正常的施工条件下机械施工中不可避免的工作间歇时间。

3）检查工程质量影响机械的操作时间。

4）临时水电线路在施工过程中的转移所发生的不可避免的机械操作间歇时间。

5）冬季施工发动机械的时间。

6）不同厂牌机械的工效差别，临时维修、小修、停水停电等引起的机械停歇时间。

7）工程收尾和工作量不饱满所损失的时间。

大型机械的幅度差系数：土方机械为 25%；打桩机械为 33%；吊装机械为 30%；砂浆、混凝土搅拌机由于按小组配用，以小组产量计算机械台班产量，不另外增加机械幅度差；其他分部工程中如钢筋加工、木材、水磨石等各项专用机械的幅度差为 10%。

占比例不大的零星小型机械按劳动定额小组成员计算出机械台班使用量，以“机械费”或者“其他机械费”表式，不再列台班数量。

### 2. 以现场实测数据为基础的机械台班消耗量的确定

如果在编制预算定额施工机械台班消耗量时，遇到施工定额中缺项的项目，则需要通过对施工机械现场实地观测得到机械台班的数量，并在此基础上加上适当的机械幅度差，来确定机械台班的消耗量。

## 二、预算定额基础单价的计算

浙江省建筑工程预算定额的预算基价是由人工费、材料费和施工机械费共同组成。定额基价的确定方法主要就是由定额所规定的人工、材料、机械台班消耗量乘以相应的地区日工资单价、材料价格和机械台班价格来确定。具体计算公式如下：

人工费＝∑（某定额项目的工日数×地区相应的定额日工资单价）

材料费＝∑（某定额项目的材料消耗量×地区相应材料价格）+其他材料费

机械费＝∑（某定额项目机械台班消耗量×地区相应施工机械台班价格）

### （一）人工单价的确定

#### 1. 人工工日单价的确定

人工单价的构成与确定

人工工日单价是指施工企业平均技术熟练程度的生产工人在每工作日（国家法定工作时间内）按规定从事施工作业应得的日工资总额。

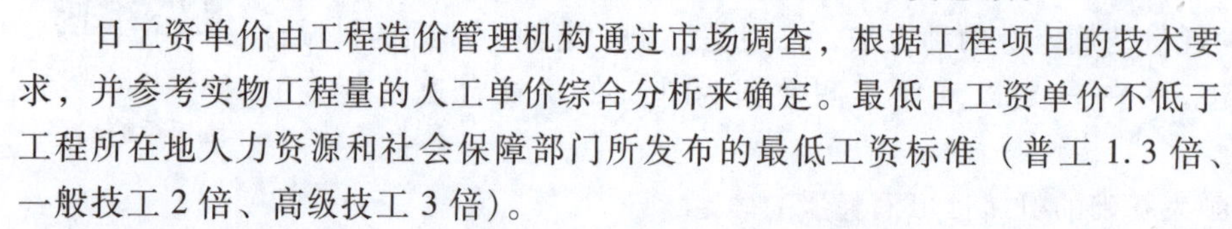

日工资单价由工程造价管理机构通过市场调查，根据工程项目的技术要求，并参考实物工程量的人工单价综合分析来确定。最低日工资单价不低于工程所在地人力资源和社会保障部门所发布的最低工资标准（普工 1.3 倍、一般技工 2 倍、高级技工 3 倍）。

可参考以下公式计算：

$$\text{日工资单价}=\frac{\text{生产工人平均月工资(计时、计件)}+\text{平均月(奖金+津贴补贴+特殊情况下支付的工资)}}{\text{年平均每月法定工作日}}$$

#### 2. 浙江省人工单价现行计价依据

根据《浙江省房屋建筑与装饰工程预算定额》（2018 版），其中定额人工单价取定分别为：一类人工 125 元/工日，二类人工 135 元/工日，三类人工 155 元/工日。

#### 3. 影响人工单价的因素

影响建筑安装工人人工单价的因素有很多，归纳起来主要有以下几个方面：

1）社会平均工资水平。建筑安装工人人工单价必然和社会平均工资水平趋同。社会平均工资水平取决于经济发展水平。由于我国改革开放以来经济持续增长，社会平均工资也有较大增长，从而人工单价也在不断提高。

2）生产消费指数。生产消费指数的提高会影响人工单价的提高，以减少生活水平下降，或维持原来的生活水平。生活消费指数的变动决定于物价的变动，尤其决定于生活消费品物价的变动。

3）人工单价的组成内容。例如，住房消费、养老保险、医疗保险、失业保险费等列入人工单价，会使人工单价提高。

4）劳动力市场供需变化。在劳动力市场如果需求大于供给，人工单价就会提高；供给大于需求，人工单价就会下降。

5）政府推行的社会保障和福利政策也会影响人工单价的变动。

### （二）材料价格的确定

材料价格的确定

在建筑安装工程中，材料费占直接费的 60%～70%，在金属结构工程中所占的比重还要大，材料价格的高低直接影响材料费的高低，进而影响到工程的造价。因此，只有合理确定材料价格的构成，正确编制材料价格，才能合理的确定和有效地控制工程造价。

### 1. 材料价格的组成

材料的价格是指市场信息价的时点价格，主要反映建筑安装材料在某一时点的静态价格水平，供选择经济合理的构配件及编制概预算定额使用，并作为测算不同时期价格水平的基础。

材料市场信息价是指综合了材料自来源地运至工地仓库或指定堆放地点所发生的全部费用以及为组织采购、供应和保管材料过程中所需要的各项费用，包括供应价格、运杂费、采购保管费。

（1）材料供应价　材料供应价是按市场实际供应价格水平取定的，一般指材料出厂价格、进口材料抵岸价、销售部门批发价或市场采购价格，它是材料预算价格组成部分中最重要的因素。

（2）运杂费　材料的运杂费是指材料自来源地运至工地仓库或指定堆放地点所发生的全部费用，包括装卸费、运输费、运输损耗及其附加费等费用。

（3）采购保管费　采购保管费是指材料供应部门为组织采购供应和保管材料过程中所需的各项费用，包括采购费、仓储费、工地保管费和仓储损耗等内容。

### 2. 材料价格的确定方法

（1）材料供应价　材料供应价包含材料原价和供销部门手续费两部分。

1）材料原价的确定。同一种材料因产地、生产厂家、交货地点或者供应单价的不同会出现几种原价时，可以根据材料不同的来源地、供货数量比例，采用加权平均的方法来确定其原价。计算公式如下：

$$C=\sum_{i=1}^{n} C_i \cdot f_i$$

式中　$C$——加权平均后的材料原价；

$C_i$——各来源地材料原价；

$f_i$——各来源地数量占总材料数量的百分比，$f_i$ =（来源地材料数量/材料总数量）×100%。

**【例 2-2】**　某工程使用中砂，有三地供货，甲地供货 30%，单价为 20 元/t，乙地供货 30%，单价为 22 元/t，丙地供货 40%，单价为 25 元/t，试求本工程中砂的原价。

**解：** 原价 = 20×30%+22×30%+25×40% = 22.6（元/t）

2）供销部门手续费的确定。供销部门手续费是指材料不能直接向生产厂家采购、订货而必须经过当地物资部门或供销部门供应时发生的经营管理费，其计算公式如下：

供销部门手续费 = 材料原价×供销部门手续费率

如果此项费用已经包含在供销部门供应的材料原价中，则不必再次计算。

综上所述，可以得出材料供应价的计算公式：

材料供应价 = 材料原价+供销部门手续费

（2）运杂费　材料的运杂费包括装卸费、运输费、运输损耗及其附加费等费用。运杂费的计算分大宗材料和非大宗材料两类。

1）大宗材料按照里程运价计算。市内综合运距由当地造价管理部门自行测定，大宗材料运杂费计算根据省建设厅、省物价局、省交通厅有关文件，综合市场实际情况计算。

2）非大宗材料按照费率运价计算，其计算公式为：

运杂费=供应价×运杂费率

运杂费率标准：①易碎物品（玻璃、瓷砖、大理石、花岗岩）为3.5%；②有色金属管材、高压阀门、电缆为0.25%；③园林苗木为5.0%；④其他材料为0.8%。

（3）采购及保管费　采购及保管费的计算公式为：

采购及保管费=（材料供应价+运杂费）×采购及保管费率（%）

材料采购及保管费率标准统一为1.5%。

综上所述，材料预算价格的计算公式为：

材料预算价格=（供应价+运杂费）×（1+采购及保管费率）
=到工地价×（1+采购及保管费率）

【例2-3】　某袋装水泥原价为350元/t，供销部门手续费费率为4%，运杂费22元/t，二次运输费4元/t，运输损耗率为1%，采购保管费率为1.5%，求每吨水泥的预算价格。

解：材料预算价格=（供应价+运杂费）×（1+采购及保管费率）
=（供应价+包装费+运输费+运输损耗费）×（1+采购及保管费率）
=［350×（1+4%）+22］×（1+1%）×（1+1.5%）
=395.71（元/t）

### 3. 影响材料预算价格变动的因素

1）市场供需变化。材料原价是材料预算价格中最基本的组成，当市场供大于求时，价格就会下降，反之，价格就会上升。

2）材料生产成本的变动直接涉及材料预算价格的波动。

3）流通环节的多少和材料供应体制也会影响材料预算价格。

4）运输距离和运输方法的改变会影响材料运输费用的增减，从而也会影响材料预算价格。

5）国际市场行情会对进口材料价格产生影响。

## （三）施工机械台班单价的确定

施工机械台班单价以“台班”为计量单位，机械工作8小时称为“一个台班”。施工机械台班单价是指一个施工机械，在正常运转条件下，一个台班中所支出和分摊的各种费用之和。根据不同的获取方式，工程施工中所使用的机械设备一般可分为自有机械和外部租赁使用两种情况。

机械台班单价的确定

### 1. 机械台班单价的构成

施工机械台班单价应由下列七项费用组成，包括折旧费、大修理费、经常修理费、安拆费及场外运费、机上人工费、燃料动力费、养路费及车船使用税等。

其中，折旧费、大修理费、经常修理费、安拆费及场外运费称为第一类费用，也叫不变费用，这一类费用不因施工地点和条件的不同而发生变化，它的多少与机械工作年限直接相关。机上人工费、燃料动力费、养路费及车船使用税称为第二类费用，也叫可变费用，这一类费用是机械在施工运转时发生的费用，它常因施工地点和施工条件的变化而变化，它的多少与机械工作台班数直接相关。

1）折旧费：指施工机械在规定的使用年限内，陆续收回其原值及购置资金的时间价值。

2）大修理费：指施工机械按规定的大修理间隔台班进行必要的大修理，以恢复其正常功能所需的费用。

3）经常修理费：指施工机械除大修理以外的各级保养和临时故障排除所需的费用，包括为保障机械正常运转所需替换设备与随机配备工具附具的摊销和维护费用，机械运转中日常保养所需润滑与擦拭的材料费用及机械停滞期间的维护和保养费用等。

4）安拆费及场外运费：安拆费指施工机械在现场进行安装与拆卸所需的人工、材料、机械和试运转费用以及机械辅助设施的折旧、搭设、拆除等费用；场外运费指施工机械整体或分体自停放地点运至施工现场或由一施工地点运至另一施工地点的运输、装卸、辅助材料及架线等费用。

5）机上人工费：指机上司机（司炉）和其他操作人员的工作日人工费及上述人员在施工机械规定的年工作台班以外的人工费。

6）燃料动力费：指施工机械在运转作业中所消耗的固体燃料（煤、木柴）、液体燃料（汽油、柴油）及水、电等费用。

7）养路费及车船使用税：指施工机械按照国家规定和有关部门规定应缴纳的养路费、车船使用税、保险费及年检费等。

### 2. 机械台班单价的计算

（1）折旧费

$$台班折旧费=\frac{机械预算价格\times(1-残值率)\times贷款利息系数}{耐用总台班数}$$

1）机械预算价格：机械预算价格是指机械出厂（或到岸完税）价格，以及机械以交货地点或口岸运至使用单位机械管理部门的全部运杂费。

① 国产机械的预算价格

$$预算价格=机械原值+供销部门手续费和一次运杂费+车辆购置税$$

② 进口机械的预算价格

$$预算价格=到岸价格+关税+增值税+消费税+外贸手续费和国内一次运杂费+财务费+车辆购置税$$

2）残值率：残值率是指机械报废回收的残值占机械原值（机械预算价格）的比率。一般情况，运输机械为2%，特大型机械为3%，中小型机械为4%，掘进机械为5%。

$$残值率=\frac{机械报废时回收的残值}{机械的预算价格}\times100\%$$

3）贷款利息系数：贷款利息系数是指为了补偿企业贷款购置机械设备所支付的利息，合理反映资金时间价值的系数。其计算公式如下：

$$贷款利息系数=1+\frac{(n+1)}{2}i$$

式中　$n$——机械的折旧年限；

　　　$i$——当年银行贷款实际利率。

4）耐用总台班：耐用总台班是指机械在正常施工作业条件下，从投入使用到报废为止，按规定应达到的使用总台班数。其计算公式如下：

$$耐用总台班=折旧年限\times年工作台班$$
$$=大修间隔台班\times大修周期$$
$$=大修间隔台班\times(寿命期内大修理次数+1)$$

年工作台班是根据有关部门对各类主要机械最近三年的统计资料分析确定的。

大修间隔台班是指机械自投入使用起至第一次大修止或自上一次大修后投入使用起至下一次大修止，应达到的使用台班数。

大修周期是指机械正常的施工作业条件下，将其寿命期（即耐用总台班）按规定的大修理次数划分为若干个周期。

$$大修周期=寿命期内待修理次数+1$$

（2）大修理费

$$大修理费=\frac{一次大修理费\times寿命期内大修理次数}{耐用总台班}$$

1）一次大修理费，按机械设备规定的大修理范围和工作内容，进行一次全面修理所需要消耗的工时、配件、辅助材料、油燃料及送修运输等全部费用进行计算。

2）寿命期内大修理次数，指为恢复原机功能按规定在寿命期内需要进行的大修理次数。

（3）经常修理费

$$经常修理费=\frac{\sum(各级保养一次费用\times寿命期内各级保养次数)+临时故障排除费}{耐用总台班}$$
$$+替换设备费+工具附具台班摊销费+例保辅料费$$

1）各级保养一次费用，应以《全国统一施工机械保养修理技术经济定额》，简称《技术经济定额》为基础，结合编制期市场价格综合确定。

2）寿命期内各级保养次数，应参照《技术经济定额》确定。

3）临时故障排除费，可按各级保养费用之和的3%取定。

4）替换设备费、工具附具台班摊销费和例保辅料费，应以《技术经济定额》为基础，结合编制期市场价格综合确定。

当台班经常修理费计算公式中各项数值难以确定时，台班经常修理费也可按下列公式计算：

$$经常修理费=台班大修理费\times K$$

其中，$K$为台班经常修理费系数。$K$的取值：载重汽车为1.46，自卸汽车为1.52，塔式起重机为1.69。

（4）安拆费及场外运费　安拆费及场外运费根据施工机械不同分为计入台班单价、单独计算和不计算三种类型。工地间移动较为频繁的小型机械及部分中型机械，其安拆费及场外运费应计入台班单价，其计算公式如下：

$$安拆费及场外运费=\frac{一次安拆费及场外运费\times年平均安拆次数}{年工作台班}$$

1）一次安拆费应包括施工现场机械安装和拆卸一次所需的人工费、材料费、机械费及试运转费。

2）一次场外运费应包括运输、装卸、辅助材料和架线等费用。

3）年平均安拆次数应以《技术经济定额》为基础，由各地区（部门）结合具体情况确定。

4）运输距离均应按25km计算。

移动有一定难度的特大型（包括少数中型）机械，其安拆费及场外运费应单独计算。单独计算的安拆费及场外运费除应计算安拆费、场外运费外，还应计算辅助设施（包括基础、底座、固定锚桩、行走轨道枕木等）的折旧、搭设和拆除等费用。

不需安装、拆卸且自身又能开行的机械和固定在车间不需安装、拆卸及运输的机械，其安拆费及场外运费不计算。

自升式塔式起重机安装、拆卸费用的超高起点及其增加费，各地区（部门）可根据具体情况确定。

（5）机上人工费

$$机上人工费=人工消耗量\times日工资单价$$

其中，人工消耗量指机上司机（司炉）和其他操作人员工日消耗量。年制度工作日应执行编制期国家有关规定。人工单价应执行编制期工程造价管理部门的有关规定。

（6）燃料动力费

$$燃料动力费=\sum(燃料动力消耗量\times燃料动力单价)$$

其中，燃料动力消耗量应根据施工机械技术指标及实测资料综合确定。燃料动力单价应执行编制期工程造价管理部门的有关规定。

（7）台班其他费用

$$台班其他费用=\frac{年养路费+年车船使用税+年保险费+年检费用}{年工作台班}$$

其中，年养路费、年车船使用税、年检费用应执行编制期有关部门的规定。年保险费应执行编制期有关部门强制性保险的规定，非强制性保险不应计算在内。

**【例2-4】** 某10t载重汽车有关资料如下：购买价格（辆）125000元，残值率6%，耐用总台班960台班，修理间隔台班240台班，一次大修理费用8600元，经常维修系数3.93，年工作台班240，每月每吨养路费60元/月，每台班消耗柴油40.03kg，柴油单价3.25元/kg。试确定台班单价，计算结果保留两位小数。（机上人员工资为120元/工日，1.5工日/台班；保险费设定为3.67元/台班；车船使用税30.00元/台班）

**解：**（1）折旧费=125000×(1−6%)÷960=122.40（元/台班）

（2）大修理费=8600×[(960÷240)−1]÷960=26.88（元/台班）

（3）经常修理费=26.88×3.93=105.62（元/台班）

（4）机上人员工资=1.5×120=180（元/台班）

（5）燃料及动力费=40.03×3.25=130.10（元/台班）

（6）台班养路费=10×60×12÷240=30.00（元/台班）

（7）车船使用税=30.00（元/台班）

（8）保险费=3.67（元/台班）

则该载重汽车台班单价=122.40+26.88+105.62+180+130.10+30.00+30.00+3.67=628.67（元/台班）

## 三、预算定额的应用

### （一）预算定额的内容简介

《浙江省房屋建筑与装饰工程预算定额》（2018 版）由上下两册组成。其中，上册包括定额总说明、《建筑工程建筑面积计算规范》（GB/T 550353—2013）、土石方工程到保温隔热防腐工程等十个分部工程的定额，下册包括定额总说明、《建筑工程建筑面积计算规范》（GB/T 50353—2013）、楼地面装饰工程到建筑物超高施工增加费等十个分部工程以及四个附录。

（一）定额总说明

定额总说明对定额的使用方法及定额中的共同性问题做出了综合说明和规定。在使用定额时必须仔细阅读总说明的内容，以便对整个定额有更加全面和完整的了解。

总说明主要包含以下要点：

1）预算定额的性质；

2）预算定额的作用；

3）定额的适用范围；

4）定额的编制依据和指导思想；

5）有关定额人工的说明和规定；

6）有关建筑材料、成品及半成品的说明和规定；

7）有关机械台班定额的说明和规定；

8）其他有关使用方法的统一规定等。

定额总说明

《浙江省房屋建筑与装饰工程预算定额》（2018 版）总说明包含二十条规定。

（二）建筑工程建筑面积计算规范

建筑面积是建设工程领域一个重要的技术经济指标，它表示一个建筑物建筑规模的大小。

《建筑工程建筑面积计算规范》（GB/T 50353—2013）为国家标准，自 2014 年 7 月 1 日起实施。为规范工业与民用建筑工程的面积计算，统一计算方法，制定该规范。该规范适用于新建、扩建、改建的工业与民用建筑工程的面积计算，包括总则、术语和计算建筑面积的规定三个部分的内容。

（三）册说明

册说明是对本册定额的使用方法和本册定额中的共性问题所做的综合说明和规定。使用定额时必须熟悉和掌握册说明的内容，以便对本册定额有一个全面的了解。

（四）分部工程定额

《浙江省房屋建筑与装饰工程预算定额》（2018 版）由上下两册组成。上、下册定额按照工程的结构类型结合形象部位，划分为 20 个分部工程，顺序如下：

第一章　土石方工程

第二章　地基处理及边坡支护工程

第三章　桩基程

第四章　砌筑工程

第五章　混凝土及钢筋混凝土工程

第六章　金属结构工程

第七章　木结构工程

第八章　门窗工程

第九章　屋面及防水工程

第十章　保温、隔热、防腐工程

第十一章　楼地面工程

第十二章　墙柱面工程

第十三章　天棚工程

第十四章　油漆、涂料、裱糊工程

第十五章　其他装饰工程

第十六章　拆除工程

第十七章　构筑物、附属工程

第十八章　脚手架工程

第十九章　垂直运输工程

第二十章　建筑物超高施工增加费

每一章定额中均包含分部说明、工程量计算规则、定额节和定额表几个部分。

1. 分部说明

每一个分部工程即为定额的每一章。分部说明是对本章定额中包含的内容、编制依据、共性问题和使用中的注意事项所做的说明。只有仔细阅读这些说明，才能达到正确使用定额的目的。

2. 工程量计算规则

工程量计算规则是对本章定额中各个分项工程工程量的计算所作的统一规定。

3. 定额节和定额表

（1）定额节　定额节是分部工程中技术因素相同的分项工程的集合，是定额最基本的表达单位。例如，机械土方定额划分为场地机械平整碾压、挖掘机挖土、挖掘机挖土装车、机械挖淤泥流砂、推土机推土、铲运机铲运土方和人工装土、装载机装土、自卸汽车运土等定额节。

（2）定额表　定额表是定额的主要组成部分。每个定额表列有工作内容、计量单位、项目名称、定额编号、定额基价以及人工、材料及机械等的消耗定额。有时在定额表下还列有附注、说明设计有特殊要求时怎样使用定额，以及说明其他应作必要解释的问题。

表 2-1 是《浙江省房屋建筑与装饰工程预算定额》（2018 版）中预应力钢筋混凝土预制桩的表式。

（五）附录

附录也是定额的组成部分，列在定额的最后部分。《浙江省房屋建筑与装饰工程预算定额》（2018 版）附录由以下四个部分组成：

附录一：砂浆、混凝土强度等级配合比

附录二：单独计算的台班费用

表 2-1 预应力钢筋混凝土预制桩

工作内容：准备打桩机具，探桩位，行走压桩机，吊装定位，安卸桩垫、桩帽，校正，压桩，接桩。

（计量单位：100m）

| 定额编号 | | | | 3-16 | 3-17 | 3-18 | 3-19 |
|---|---|---|---|---|---|---|---|
| 项目 | | | | 静压沉桩 | | | |
| | | | | 桩断面周长/m | | | |
| | | | | 1.3以内 | 1.6以内 | 1.9以内 | 1.9以上 |
| 基价/元 | | | | 1755.56 | 2018.62 | 2434.16 | 3366.08 |
| 其中 | 人工费/元 | | | 341.96 | 381.78 | 427.55 | 535.55 |
| | 材料费/元 | | | 131.49 | 201.78 | 271.02 | 341.38 |
| | 机械费/元 | | | 1282.11 | 1435.06 | 1735.59 | 2489.15 |
| 名称 | | 单位 | 单价/元 | 消耗量 | | | |
| 人工 | 二类人工 | 工日 | 135.00 | 2.533 | 2.828 | 3.167 | 3.967 |
| 材料 | 预应力混凝土预制桩 | m | — | (101.000) | (101.000) | (101.000) | (101.000) |
| | 垫木 | $m^3$ | 2328.00 | 0.030 | 0.050 | 0.070 | 0.090 |
| | 金属周转材料 | kg | 3.95 | 2.600 | 4.000 | 5.800 | 7.200 |
| | 电焊条 E43 系列 | kg | 4.74 | 9.300 | 12.400 | 14.800 | 17.600 |
| | 其他材料 | 元 | 1.00 | 7.300 | 10.800 | 15.000 | 20.000 |
| 机械 | 多功能压桩机(2000kN) | 台班 | 1873.85 | 0.542 | 0.608 | — | — |
| | 多功能压桩机(3000kN) | 台班 | 2044.05 | — | — | 0.675 | — |
| | 多功能压桩机(4000kN) | 台班 | 2418.03 | — | — | — | 0.846 |
| | 履带式起重机(15t) | 台班 | 702.00 | 0.323 | 0.361 | — | — |
| | 履带式起重机(25t) | 台班 | 757.92 | — | — | 0.409 | 0.513 |
| | 交流弧焊机(32kV·A) | 台班 | 92.84 | 0.428 | 0.456 | 0.494 | 0.589 |

附录三：建筑工程主要建筑材料损耗率取定表

附录四：人工、材料（半成品）、机械台班单价定额取定表

### （二）预算定额的编号

为了便于检查使用定额，在编制施工图预算时，对工程项目均需要填写定额编号。定额编号是该项定额的编号，各定额编号的方法主要有两种，一种是“三符号”法，一种是“二符号”法，《浙江省建筑工程预算定额》（2018 版）采用“二符号”法，包括分部工程号和分项工程号两部分，均用阿拉伯数字表示，如图 2-2 所示。

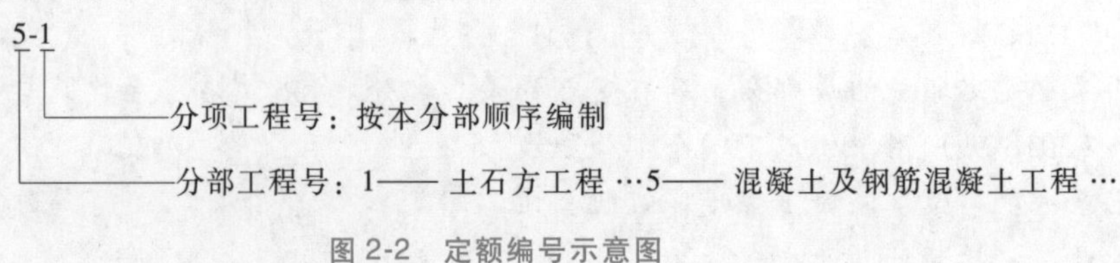


图 2-2 定额编号示意图

例如，人力车运土 50m，定额编号：1-12；现浇商品混凝土基础，定额编号：5-3；防静电活动地板安装，定额编号：11-94。

### （三）预算定额的查阅方法

#### 1. 查阅方法

预算定额查阅是为了在定额表中找到所需项目的名称，人工、材料、机械名称以及它们所对应的数值，查阅一般分三步进行。

第一步：按分部→定额节→定额表→项目的顺序找出所需项目的名称，并从上向下目视。

第二步：在定额表中找出所需的人工、材料、机械的名称，并从左向右目视。

第三步：两视线交点的数值，即需要查找的数值。

定额表是定额最基本的表现形式。看懂定额表，是学习预算关键的一步。一张完整的定额表必须列有工作内容、计量单位、项目名称、定额编号、定额基价、消耗量定额及定额附注等内容。

【例 2-5】 静压预应力钢筋混凝土管桩，桩径 600mm，求该项目的预算定额基价。

解：管桩断面周长 = $\pi\times0.6=1.885\text{m}<1.9\text{m}$

套用定额编号：3-18。

工作内容：准备打桩机具，探桩位，行走压桩机，吊装定位，安卸桩垫、桩帽，校正，压桩，接桩。

计量单位：该定额采用扩大计量单位 100m。

则，基价 = 2434.16（元）

人工费 = 247.55（元）

材料费 = 271.02（元）

机械费 = 1735.59（元）

二类人工消耗量 = 3.167（工日）

二类人工单价 = 135（元/工日）

金属周转材料消耗量 = 5.8（kg）

金属周转材料单价 = 3.95（元/kg）

多功能压桩机（3000kN）消耗量 = 0.675（台班）

多功能压桩机（3000kN）单价 = 2044.05（元/台班）

#### 2. 查阅定额时应注意的问题

1）首先要准确理解并掌握文字说明部分。定额中的文字说明主要有总说明、建筑面积计算规范、各分部工程说明、工程量计算规则和附录。正确理解文字说明是正确查阅定额的关键。

2）要准确理解定额用语及符号含义。如定额中规定，凡是注明“×××以内”或“×××以下”者，均包含其本身在内；而注有“×××以外”或“×××以上”者，均不包含其本身。

3）要准确掌握各分项工程的工程内容。只有准确掌握了各分项工程的工程内容，才能准确套用定额，进而避免重算和漏算。

4）要注意各分项工程的工程量计算单位必须与定额计量单位保持一致，特别要注意一些较为特殊的计量单位，且定额中相当一部分计量单位为扩大计量单位。

5）要准确掌握定额换算范围，熟练掌握定额换算和调整的方法。

### （四）预算定额的应用

在编制施工图预算应用定额时，往往会遇到定额的直接套用、定额的换算和定额的补充这三种情况。

#### 1. 定额的直接套用

当施工图的设计要求和定额的项目内容完全一致时，可以直接套用定额。在直接套用定额时，需要注意以下几点：

1）根据施工图样的分部分项工程项目名称，从定额目录中找出该分部分项工程所在定额中的页数，再进一步找到具体的定额编号。

2）判断涉及图样中的分部分项工程内容、技术特征和施工方法与定额规定是否完全一致，当完全一致时，或不完全一致但定额又不允许换算时，即可直接套用定额。此外，还必须注意分部分项工程内容的名称、材料、施工机械等的规格、计量单位等与定额规定是否一致。

3）凡是定额中查不到的项目，均应仔细阅读定额说明或计算规则。

【例 2-6】 求人工挖流砂的预算定额的人工费、材料费和机械费。

解：套用定额编号：1-11，计量单位：$100m^3$。

则，人工费=7560（元），材料费=0（元），机械费=0（元）。

【例 2-7】 人力车运土，运距为320m，求该项目的预算定额人工费、材料费和机械费。

解：涉及该项目的定额有两个，1-20 和 1-21，前者为运距 50m 以内，属于基本定额，可以单独使用，后者为运距 1000m 内每增加 50m，属于附加定额，不能单独使用，只能与基本定额 1-20 联合使用。

套用定额编号：1-12+13×6，计量单位：$100m^3$。

则，人工费=1518.75+290×6=3258.75（元），材料费=0（元），机械费=0（元）。

#### 2. 定额的换算

当设计要求和定额的工程内容、材料种类规格、施工方法不完全一致时，就需要根据定额的文字说明对定额进行调整换算。经过换算的定额编号在其右侧写“换”或“H”。换算后的基价计算公式如下：

换算后的定额基价=原定额基价+换入的费用-换出的费用

=原定额基价+差价

=新人工费+新材料费+新机械费

预算定额的换算类型常见的有砂浆换算、混凝土换算、系数换算、木材换算和其他换算。

（1）砂浆换算

1）砌筑砂浆换算

① 换算的原因：设计使用砂浆强度等级与预算定额不同。

② 换算的特点：砂浆用量不变，人工费、机械费不变，调整砂浆材料费。

③ 换算后定额材料费=原定额材料费+定额砂浆用量×(换入砂浆单价-换出砂浆单价)。

【例 2-8】 DM5.0 干混砌筑砂浆砌混凝土实心一砖基础，求该项目的定额人工费、材料费和机械费。

解：(1) 查定额编号：4-1H，定额基价：4078.04 元，计量单位：$10m^3$。

(2) 定额砌筑砂浆：DM10.0 干混砂浆，单价：413.73 元/$m^3$，消耗量：2.3$m^3$/10$m^3$。

(3) 设计砌筑砂浆：DM5.0 干混砂浆，单价：397.23 元/$m^3$。

(4) 换算计算：

人工费=1051.65 (元)

材料费=3004.10+(397.23-413.73)×2.3=2966.15 (元)

机械费=22.29 (元)

2) 抹灰砂浆换算

① 换算的原因：设计抹灰砂浆品种与预算定额不同，设计抹灰遍数与预算定额规定不同，设计砂浆厚度与预算定额规定不同。

② 换算的特点：设计抹灰砂浆品种与预算定额不同（砂浆用量不变，人工费、机械费不变，调整砂浆材料费）；

设计抹灰遍数与预算定额规定不同（每增减一遍，100$m^2$ 人工增加或减少 2.94 工日）；

设计砂浆厚度与预算定额规定不同（按抹灰砂浆种类用每增减 1mm 定额进行调整）。

【例 2-9】 内墙面干混砂浆 DPM10.0 抹灰四遍，底 14mm 厚，面 8mm 厚，计算定额的人工费、材料费和机械费。

解：抹灰厚度、遍数都不同，先换厚度再换遍数。

(1) 定额编号：12-1H+12-3H×2，计量单位：100$m^2$。

(2) 换算计算：

人工费=1498.23+2.94×155 (换抹灰遍数)= 1953.93 (元)

材料费=[1042.68+(430.35-446.85)×2.32]+[51.83+(430.35-446.85)×0.116]×2(换抹灰厚度)= 1104.23 (元)

机械费=22.48+1.16×2=24.8 (元)

(2) 混凝土换算　混凝土换算包括构件混凝土、楼地面混凝土的换算。

1) 换算原因：设计使用混凝土强度等级与定额不同，包含两种情况：混凝土强度等级不同，石子最大粒径不同。

2) 换算特点：人工费和机械费不变，换算定额材料费。

3) 换算公式=原定额材料费+定额混凝土用量×(换入混凝土单价-换出混凝土单价)。

【例 2-10】 求 C20 非泵送商品混凝土基础垫层的定额人工费、材料费和机械费。

解：(1) 套用定额：5-1H，计量单位：$10m^3$，基价：4503.40 元。

(2) 定额为非泵送商品混凝土 C15，单价：399 元/$m^3$，消耗量：10.1$m^3$。

(3) 设计为非泵送商品混凝土 C20，查定额附录四，非泵送商品混凝土 C20 单价：412 元/$m^3$。

(4) 换算计算：

人工费=408.78 (元)

材料费=4087.85+(412-399)×10.1=4219.19 (元)

机械费=6.77（元）

（3）系数换算 系数换算是指在使用预算定额项目基价时，基价的一部分或全部乘以规定的系数。

**【例2-11】** 人工挖桩承台三类地槽土，深度2.9m，求定额人工费、材料费和机械费。

**解：**（1）套定额：1-8H，计量单位：100m$^3$，基价：3770元。

（2）依据土石方工程说明第七条规定：挖桩承台土方时，人工开挖土方定额乘以系数1.25。

（3）换算计算：

人工费=3770×1.25=4712.5（元）

材料费=0（元），机械费=0（元）

**【例2-12】** 人工挖桩承台三类地槽土，深度2.9m，全为湿土，求定额的人工费、材料费和机械费。

**解：**（1）套定额1-8H，计量单位：100m$^3$，原基价：3770元。

（2）依据定额说明第七条规定：挖桩承台土方时，人工开挖土方定额乘以系数1.25；第十条第2点规定：人工挖、运湿土时，相应定额人工乘以系数1.18。

（3）换算计算：

人工费=3770×1.25×1.18=5560.75（元）

材料费=0（元），机械费=0（元）

**注意**

当定额中遇到有两个或两个以上系数时，按连乘法计算。

（4）木材换算

1）换算原因：设计木材种类与定额不同，设计木材断面与定额不同。

2）设计木材种类不同的换算。换算方法：采用一、二类木材木种编制的定额，如设计采用三、四类木种时，除木材单价调整外，按相应定额执行，人工和机械乘系数1.35。（木种的分类详见定额总说明第9条）

**【例2-13】** 某工程有亮镶板门，采用进口硬木制作，求定额人工费、材料费和机械费。

**解：**（1）定额编号：8-1H，计量单位：100m$^2$。

（2）进口硬木单价：查定额附录四为3276元/m$^3$。

（3）依据定额下册说明第3条规定：设计采用三、四类木种时，除木材单价调整外，按相应定额执行，人工和机械乘以系数1.35。

（4）换算计算：

人工费=6999.96×1.35=9449.946（元）

材料费=10045.94+(3276-1810)×(1.908+1.632+1.016+0.461)= 17400.862（元）

机械费=103.10×1.35=139.185（元）

3）设计木材断面不同的换算。换算方法：①普通木门窗木材断面、厚度按定额表列，设计不同，木材用量按比例调整，其余不变。②定额所注木材断面、厚度均以毛料为准，如设计为净料，应另加刨光损耗：板枋材单面加3mm，双面加5mm，其中普通门门板双面刨光加3mm。木门窗用料断面规格尺寸见表2-2。

表 2-2　木门窗用料断面规格尺寸表　　（单位：cm）

<table>
<tr><th colspan="2">门窗名称</th><th>门窗框</th><th>门窗扇立梃</th><th>纱门窗扇立梃</th><th>门板</th></tr>
<tr><td rowspan="3">普通门</td><td>镶板门</td><td rowspan="3">5.5×10</td><td>4.5×8</td><td rowspan="3">3.5×8</td><td>1.5</td></tr>
<tr><td>胶合板门</td><td>3.9×3.9</td><td></td></tr>
<tr><td>半玻门</td><td>4.5×10</td><td>1.5</td></tr>
<tr><td rowspan="2">自由门</td><td>全玻门</td><td>5.5×12</td><td>5×10.5</td><td></td><td></td></tr>
<tr><td>带玻胶合板门</td><td>5.5×10</td><td>4.5×6.5</td><td></td><td></td></tr>
<tr><td rowspan="3">厂库房<br>木板大门</td><td>带框平开门</td><td>5.5×12</td><td>5×10.5</td><td></td><td rowspan="3">2.1</td></tr>
<tr><td>不带框平开门</td><td></td><td rowspan="2">5.5×12.5</td><td></td></tr>
<tr><td>不带框推拉门</td><td></td><td></td></tr>
<tr><td rowspan="2">普通窗</td><td>平开窗</td><td>5.5×8</td><td rowspan="2">4.5×6</td><td rowspan="2">3.5×6</td><td></td></tr>
<tr><td>翻窗</td><td>5.5×9.5</td><td></td></tr>
</table>

【例 2-14】　某工程杉木平开窗，设计断面尺寸（净料）窗框为 5.5cm×8cm，窗扇梃为 4.5cm×6cm，求定额人工费、材料费和机械费。

解：(1) 设计为净料尺寸，加刨光损耗后的断面尺寸为：

窗框：(5.5+0.3)×(8+0.5)=5.8×8.5 ($cm^2$)

窗扇梃：(4.5+0.5)×(6+0.5)=5×6.5 ($cm^2$)

(2) 查定额：8-105，计量单位：$100m^2$，定额原窗框杉木用量为 $2.015m^3$，原窗扇用量为 $1.887m^3$。

(3) 设计木材用量按比例调整：

设计窗框用量：(5.8×8.5/5.5×8)×2.015=2.257 ($m^3$)

设计窗扇梃用量：(5×6.5/4.5×6)×1.887=2.271 ($m^3$)

(4) 换算计算：

人工费=6724.68（元）

材料费=9404.15+[(5.8×8.5/5.5×8)-1]×2.015×1810
　　+[(5×6.5/4.5×6)-1]×1.887×1810
　=10537.21（元）

机械费=95.05（元）

(5) 其他换算　除上述情况以外的定额换算。

### 3. 定额的补充

当分项工程的设计要求和定额条件完全不相符或由于设计采用了新结构、新材料及新工艺时，在预算定额中并没有这一类的项目，属于定额缺项，可以编制补充预算定额。

## 附：《浙江省房屋建筑与装饰工程预算定额》(2018 版) 总说明

一、《浙江省房屋建筑与装饰工程预算定额》(2018 版)（以下简称本定额）是根据省建设厅、省发改委、省财政厅《关于组织编制〈浙江省建设工程计价依据（2018 版）〉的通知》（建建发〔2017〕166 号）、国家标准《建设工程工程量清单计价规范》

（GB 50500—2013）及有关规定，在《房屋建筑与装饰工程工程量计算规范》（GB 50854—2013）、《房屋建筑与装饰工程消耗量定额》（TY01-31—2015）、《装配式建筑工程消耗量定额》（TY01-01（01）—2016）、《绿色建筑工程消耗量定额》（TY01-01（02）—2017）和《浙江省建筑工程预算定额》（2010 版）的基础上，结合本省实际情况编制的。

二、本定额是完成规定计量单位分部分项工程所需的人工、材料、施工机械台班的消耗量标准，是编制施工图预算、招标控制价的依据，是确定合同价、结算价、调解工程价款争议、工程造价鉴定以及编制本省建设工程概算定额、估算指标与技术经济指标的基础，也是企业投标报价或编制企业定额的参考依据。

全部使用国有资金或国有资金投资为主的工程建设项目，编制招标控制价应执行本定额。

三、本定额适用于本省区域内的工业与民用建筑的新建、扩建和改建的房屋建筑与装饰工程。

四、本定额是依据现行国家及本省有关强制性标准、推荐性标准、设计规范、施工验收规范、技术操作规程、质量评定标准、产品标准和安全操作规程，按正常施工条件、多数施工企业采用的施工方法、装备设备和合理的劳动组织及工期，并参考了有关地区和行业标准、定额，以及典型工程设计、施工和其他资料编制的，反映了本省区域的社会平均消耗量水平。

五、本定额未包括的项目，可按本省其他相应专业工程计价定额执行，如仍缺项的，应编制地区性补充定额或一次性补充定额，并按规定履行申报手续。

六、有关定额人工的说明和规定。

1. 本定额的人工消耗量是以现行《建设工程劳动定额　建筑工程》（LD/T 72.1~11—2008）、《建设工程劳动定额　装饰工程》（LD/T 73.1~4—2008）为基础，并结合本省实际情况编制的，已考虑了各项目施工操作的直接用工、其他用工（材料超运距，工种搭接，安全和质量检查以及临时停水、停电等）及人工幅度差。每工日按 8 小时工作制计算。

2. 本定额日工资单价划分：土石方工程按一类人工日工资单价计算；装配式混凝土构件安装工程，金属结构工程，木结构工程，门窗工程，楼地面装饰工程，墙柱面装饰与隔断、幕墙工程，天棚工程，油漆、涂料、裱糊工程，其他装饰工程按三类人工日工资单价计算；保温、隔热、防腐工程根据子目性质不同分别按二类人工或三类人工日工资单价计算；其余工程均按二类人工日工资单价计算。

3. 机械土、石方，桩基础，构件运输及安装等工程，人工随机械产量计算的，人工幅度差按机械幅度差计算。

七、有关建筑材料、成品及半成品的说明和规定。

1. 本定额采用的材料（包括构配件、零件、半成品、成品）均为符合国家质量标准和相应设计要求的合格产品。材料名称、规格型号及取定价格详见附录四。

2. 本定额材料、成品及半成品的定额取定价格包括市场供应价、运杂费、运输损耗费和采购保管费。

3. 材料、成品及半成品的定额消耗量均包括施工场内运输损耗和施工操作损耗。材料损耗率详见附录三。

4. 材料、成品及半成品从工地仓库、现场堆放地点或现场加工地点至操作地点的场内水平运输已包括在相应定额内，垂直运输另按本定额第十九章“垂直运输工程”计算。

5. 本定额中除特殊说明外，大理石和花岗岩均按工程成品石材考虑，消耗量中仅包括了场内运输、施工及零星切割的损耗。

6. 混凝土、砂浆及各种胶泥等均按半成品考虑，消耗量以体积“$m^3$”表示。

7. 本定额中使用的混凝土除另有注明外均按商品混凝土编制，实际使用现场搅拌混凝土时，按本定额第五章“混凝土及钢筋混凝土工程”定额说明的相关条款进行调整。

【第五章定额说明三：本章定额中混凝土除另有注明外均按泵送商品混凝土编制，实际采用非泵送商品混凝土、现场搅拌混凝土时仍套用泵送定额，混凝土价格按实际使用的种类换算，混凝土浇捣人工乘以下表2-3相应系数，其余不变。现场搅拌的混凝土还应按混凝土消耗量执行现场搅拌调整费定额。】

表2-3 建筑物人工调整系数表

| 序号 | 项目名称 | 人工调整系统 |
|---|---|---|
| 1 | 基础 | 1.5 |
| 2 | 柱 | 1.05 |
| 3 | 梁 | 1.4 |
| 4 | 墙、板 | 1.3 |
| 5 | 楼梯、雨篷、阳台、栏板及其他 | 1.05 |

(1) 定额中混凝土除另有注明外均按泵送商品混凝土编制，实际采用非泵送商品混凝土时，定额换算如下：

1) 按商品混凝土定额执行，单价换算。

2) 混凝土浇捣人工乘以相应系数。

【例2-15】 试求非泵送商品混凝土C25直行楼梯的定额人工费、材料费和机械费。

解：① 套定额5-24H，单位：$10m^2$。

② 换算计算：

定额混凝土消耗量为$2.43m^3$。

查表2-3得：楼梯人工调整系数为1.05。

人工费=155.93×1.05=163.727（元）

查《浙江省建筑工程预算定额（下册）》(2018版）附录四得：C25非泵送商品混凝土单价为421元/$m^3$。

材料费=1146.03+(421−461)×2.43=1048.83（元）

机械费=1.49（元）

(2) 定额中混凝土除另有注明外均按泵送商品混凝土编制，实际采用现场搅拌混凝土时，定额换算如下：

1) 按商品混凝土定额执行，单价换算。

2) 混凝土浇捣人工乘以相应系数。

3) 按混凝土消耗量执行现场搅拌调整费定额。

【例 2-16】 求 C25（40）现浇现拌混凝土基础梁的定额人工费、材料费和机械费。

解：① 套定额 5-8H+5-35，单位：$10m^3$。

② 换算计算：

定额混凝土消耗量为 $10.1m^3$。

查表 2-3 得：基础梁人工调整系数为 1.4。

人工费 = 271.62×1.4+10.1×52.947 = 915.033（元）

查《浙江省建筑工程预算定额（下册）》（2018 版）附录一得：C25（40）现浇现拌混凝土单价为 298.96 元/$m^3$。

材料费 = 4699.12+(298.96−461)×10.1+10.1×0.162 = 3064.152（元）

机械费 = 4.19+10.1×6.461 = 69.446（元）

8. 本定额中所使用的砂浆除另有注明外均按干混预拌砂浆编制，若实际使用现拌砂浆或湿拌预拌砂浆时，按以下方法调整：

（1）使用现拌砂浆的，除将定额中的干混预拌砂浆调换为现拌砂浆外，单价由干混换为现拌，并按相应定额中每立方米砂浆增加：人工 0.382 工日、200L 灰浆搅拌机 0.167 台班，并扣除定额中干混砂浆罐式搅拌机台班的数量。

【例 2-17】 求 M5 混合砂浆砌筑 1/2 混凝土实心砖墙的定额人工费、材料费和机械费。

解：① 套定额 4-8H，单位：$10m^3$。

② 换算计算：

定额中砌筑 $10m^3$ 实心砖墙砂浆的用量为 $2.0m^3$。

人工费 = 1857.60+2.0×0.382×135 = 1960.74（元）

查《浙江省建筑工程预算定额（下册）（2018 版）》附录一得：M5 混合砌筑砂浆单价为 227.82 元/$m^3$。

材料费 = 2989.05+(227.82−413.73)×2.0 = 2617.23（元）

查《浙江省建筑工程预算定额（下册）》（2018 版）附录四得：200L 灰浆搅拌机的台班单价为 154.97 元/台班。

机械费 = 2.0×0.167×154.97 = 51.76（元）

（2）使用湿拌预拌砂浆的，除将定额中的干混预拌砂浆调换为湿拌预拌砂浆外，单价由现拌换为湿拌，并按相应定额中每立方米砂浆扣除人工 0.20 工日，且扣除定额中干混砂浆罐式搅拌机台班数量。

9. 本定额中木材不分板材与方材，均以××（指硬木、杉木或松木）板方材取定。木种分类如下：

第一、二类：红松、水桐木、樟木松、白松（云杉、冷杉）、杉木、杨木、柳木、椴木。

第三、四类：青松、黄花松、秋子木、马尾松、东北榆木、柏木、苦楝木、梓木、黄菠萝、椿木、楠木、柚木、樟木、栎木（柞木）、檀木、色木、槐木、荔木、麻栗木（麻栎、青刚）、桦木、荷木、水曲柳、华北榆木、榉木、橡木、枫木、核桃木、樱桃木。

本定额装饰项目中以木质饰面板、装饰线条表示的，其材质包括：榉木、橡木、柚木、枫木、核桃木、樱桃木、檀木、色木、水曲柳等；部分列有榉木或橡木、枫木等的项目，如设计使用的材质与定额取定的不符者，可以换算。

10. 本定额所采用的材料、半成品、成品品种、规格型号与设计不符时，可按各章规定调整。

11. 本定额周转材料按摊销量编制，且已包括回库维修耗量及相关费用。

12. 对于用量少、低值易耗的零星材料，列为其他材料费。

八、关于机械。

1. 本定额中的机械按常用机械、合理机械配备和施工企业的机械化装备程度，并结合本省工程实际编制的，台班价格按《浙江省建设工程施工机械台班费用定额》（2018版）计算。

2. 本定额的机械台班消耗量是按正常机械施工工效考虑，每一台班按8小时工作制计算，并考虑了其他直接生产使用的机械幅度差。

3. 挖掘机械、打桩机械、吊装机械、运输机械（包括推土机、铲运机及构件运输机械等）分别按机械、容量或性能及工作物对象，按单机或主机与配合辅助机械，分别以台班消耗量表示。

4. 凡单位价值2000元以内、使用年限在一年以内的不构成固定资产的施工机械，不列入机械台班消耗量，作为工具用具在建筑安装工程费中的企业管理费考虑，其消耗的燃料动力等已列入材料内。

5. 本定额未包括大型施工机械场外运输及安、拆费用，以及塔式起重机、施工电梯的基础费用，发生时，应根据经批准的施工组织设计方案选用的实际机械种类及规格，按附录二及机械台班费用定额有关规定计算。

九、本定额的垂直运输按不同檐高的建筑物和构筑物单独编制，应根据具体工程内容按垂直运输工程定额执行。

十、本定额按面积计算的综合脚手架、垂直运输等，是按一个整体工程考虑的。如遇结构与装饰分别发包，则应根据工程具体情况确定划分比例。

十一、建筑物的地下室以及外围采光面积小于室内平面面积2.5%的库房、暗室等，可以其所涉及部位的结构外围水平面积之和，按每平方米20元（其中二类人工0.05工日）计算洞库照明费。

十二、本定额除注明高度的以外，均按建筑物檐高20m以内编制，檐高在20m以上的工程，其降效应增加的人工、机械台班及有关费用，按建筑物超高施工增加费定额执行。

十三、定额中的建筑物檐高是指设计室外地坪至檐口底高度。

外檐沟檐高算至檐口底高度，内檐沟檐高算至与檐沟相连的屋面板板底高度，平屋面檐高算至屋面板板底高度，突出主体建筑物屋顶的电梯机房、楼梯间、有围护结构的水箱间、瞭望塔、排烟机房等不计入檐口高度。

十四、本定额结合浙江省建筑工业化的推广，根据现行浙江省《工业化建筑评价导则》（建设发［2016］32号），新增装配整体式混凝土结构、钢结构、钢-混凝土混合结构三种浙江省主导推广的工业化建筑结构类型的综合脚手架和垂直运输定额，其定义如下：

装配整体式混凝土结构：包括装配整体式混凝土框架结构、装配整体式混凝土框架-

剪力墙结构、装配整体式混凝土剪力墙结构、预制预应力混凝土装配整体式框架结构等。

钢结构：包括普通钢结构和轻型钢结构，梁、柱和支撑应采用钢结构，柱可采用钢管混凝土柱。

钢-混凝土混合结构：包括钢框架、钢支撑框架或钢管混凝土框架与钢筋混凝土核心筒（剪力墙）组成的框架-核心筒（剪力墙）结构，以及由外围钢框筒或钢管混凝土筒与钢筋混凝土核心筒组成的筒中筒结构，梁、柱和支撑应采用钢构件，柱可采用钢管混凝土柱。

十五、本定额中的工作内容已说明了主要的施工工序，次要工序虽未说明，但均已包括在内。

十六、施工与生产同时进行、在有害身体健康的环境中施工时的降效增加费，本定额未考虑，发生时另行计算。

十七、本定额中遇有两个或两个以上系数时，按连乘法计算。

十八、除《建筑工程建筑面积计算规范》（GB/T 50353—2013）及各章有规定外，定额中凡注明“××以内”或“××以下”及“小于”者，均包括××本身；“××以外”或“××以上”及“大于”者，则不包括××本身。

定额说明中未注明（或省略）尺寸单位的宽度、厚度、断面等，均以“mm”为单位。

十九、凡本总说明未尽事宜，详见各章说明和附录。

二十、本定额由浙江省建设工程造价管理总站负责解释与管理。

## 【小结】

本任务主要介绍了人工消耗量指标、材料消耗量指标和施工机械台班消耗量指标和人工单价、材料单价和施工机械单价的确定方法，《浙江省房屋建筑与装饰工程预算定额》（2018版）的查阅方法以及预算定额在实际工作中的应用情况。应掌握材料消耗量材料预算单价和机械台班单价包含的内容及计算方法，重点掌握定额查阅的基本方法和定额的换算方法。

## 【思考与练习题】

### 一、单项选择题

1. 对材料预算价格变化无影响的因素是（　　）。

A. 材料生产成本　　B. 市场需求情况　　C. 材料的消耗水平　　D. 运输距离及方式

2. 按照现行规定，下列（　　）费用不属于材料费的组成内容。

A. 运输损耗费　　B. 供应价格　　C. 材料二次搬运费　　D. 采购及保管费

3. 某新型材料的市场价为350元/t，市场开票税率为6%，则该新型材料的预算价格为（　　）元/t。（运杂费率3.5%，采保费率1.5%）

A. 368　　B. 390　　C. 389　　D. 367

4. 设6t载重汽车的预算价格为18万元，残值率为5%，大修间隔台班为550台班，大修次数为2次，则台班折旧费是（　　）元/台班。

A. 103.64　　B. 114.55　　C. 155.45　　D. 171.82

5. 墙面砖规格为 240mm×60mm，灰缝为 10mm，其损耗率为 1.5%，则 $100m^2$ 墙面砖消耗量是（　　）。

A. 5400　　B. 5600　　C. 5800　　D. 6000

## 二、多项选择题

预算定额中的施工机械台班单价由两类费用构成，以下属于第二类费用的有（　　）。

A. 折旧费　　B. 机上人工费　　C. 大修理费　　D. 燃料动力费

## 三、简答题

1. 请简述人工消耗量包含的内容。
2. 请简述损耗率的含义及计算方法。
3. 请简述机械幅度差包含的内容。
4. 请简述人工单价的组成及计算方法。
5. 请简述材料单价的组成及计算方法。
6. 请简述机械台班单价的组成及计算方法。

## 四、计算题

1. 在预算定额人工工日消耗量计算时，已知完成单位合格产品的基本用工为 20 工日，超运距用工为 3 工日，辅助用工为 1.5 工日，人工幅度差系数是 10%，求预算定额中的人工工日消耗量。

2. 某工地水泥从两个地方采购，其采购量及有关费用见表 2-4，求该工地水泥的预算单价。

表 2-4　某工地水泥采购量及有关费用

| 采购处 | 采购量/t | 原价/(元/t) | 运输费/(元/t) | 运输损耗费/(元/t) | 采购及保管费/(元/t) |
|---|---|---|---|---|---|
| 来源一 | 300 | 240 | 20 | 0.5 | 3 |
| 来源二 | 200 | 250 | 15 | 0.4 | |

3. 某机械预算价格为 20 万元，耐用总台班为 4000 台班，大修理间隔台班为 800 台班，一次大修理费为 40000 元，求台班大修理费。

4. 某建筑机械耐用总台班数为 20000 台班，该机械预算价格为 5 万元，残值率为 2%，银行贷款利息为 10000 元，求该机械台班的折旧费。

5. 某建筑公司承接一项综合楼外墙面 $1000m^2$ 的水刷石粉刷的装修业务，试根据《浙江省房屋建筑与装饰工程预算定额》（2018 版）中的 12-10 子目，计算需支付的人工费（人工费市场单价：泥工为 200 元/工），以及需要采购的材料（干混抹灰砂浆、水泥、白石子）用量。

6. 查阅《浙江省房屋建筑与装饰工程预算定额》（2018 版），完成表 2-5（金额保留 2 位小数）。

表 2-5　定额编号、计量单位及金额

| 序号 | 分项工程名称 | 定额编号 | 计量单位 | 金额/元 | |
|---|---|---|---|---|---|
| 1 | 反铲挖掘机挖槽坑四类土，装车，深度 5m | | | 人工费 | |
| | | | | 材料费 | |
| | | | | 机械费 | |

（续）

| 序号 | 分项工程名称 | 定额编号 | 计量单位 | 金额/元 | |
|---|---|---|---|---|---|
| 2 | 轻型井点安拆 | | | 人工费 | |
| | | | | 材料费 | |
| | | | | 机械费 | |
| 3 | 振动式混凝土沉管灌注桩成孔，桩长 25m | | | 人工费 | |
| | | | | 材料费 | |
| | | | | 机械费 | |
| 4 | 沉管灌注桩凿桩 | | | 人工费 | |
| | | | | 材料费 | |
| | | | | 机械费 | |
| 5 | 人工挖孔入岩石层增加费 | | | 人工费 | |
| | | | | 材料费 | |
| | | | | 机械费 | |
| 6 | 地下连续墙导墙开挖 | | | 人工费 | |
| | | | | 材料费 | |
| | | | | 机械费 | |
| 7 | 塘渣垫层，夯实机夯实 | | | 人工费 | |
| | | | | 材料费 | |
| | | | | 机械费 | |
| 8 | 烧结多孔砖砌筑标准一砖墙 | | | 人工费 | |
| | | | | 材料费 | |
| | | | | 机械费 | |
| 9 | C30 现浇钢筋混凝土檐沟浇捣（商品混凝土，泵送） | | | 人工费 | |
| | | | | 材料费 | |
| | | | | 机械费 | |
| 10 | 现浇商品泵送 C30 混凝土直行楼梯 | | | 人工费 | |
| | | | | 材料费 | |
| | | | | 机械费 | |
| 11 | 混凝土基础垫层模板 | | | 人工费 | |
| | | | | 材料费 | |
| | | | | 机械费 | |
| 12 | 预埋铁件（25kg/块） | | | 人工费 | |
| | | | | 材料费 | |
| | | | | 机械费 | |
| 13 | 封檐板，板高 18cm | | | 人工费 | |
| | | | | 材料费 | |
| | | | | 机械费 | |
| 14 | 双开门执手锁 | | | 人工费 | |
| | | | | 材料费 | |
| | | | | 机械费 | |

（续）

| 序号 | 分项工程名称 | 定额编号 | 计量单位 | 金额/元 | |
|---|---|---|---|---|---|
| 15 | 彩钢夹心板屋面 | | | 人工费 | |
| | | | | 材料费 | |
| | | | | 机械费 | |
| 16 | 细石混凝土防水层屋面，厚 4cm | | | 人工费 | |
| | | | | 材料费 | |
| | | | | 机械费 | |
| 17 | 墙柱面聚氨酯硬泡喷涂，厚 30 | | | 人工费 | |
| | | | | 材料费 | |
| | | | | 机械费 | |
| 18 | 预制方桩 | | | 人工费 | |
| | | | | 材料费 | |
| | | | | 机械费 | |
| 19 | 混凝土实心砖基础（190mm×90mm×53mm） | | | 人工费 | |
| | | | | 材料费 | |
| | | | | 机械费 | |
| 20 | 金属卷帘门（高 3m） | | | 人工费 | |
| | | | | 材料费 | |
| | | | | 机械费 | |
| 21 | 木楼梯 | | | 人工费 | |
| | | | | 材料费 | |
| | | | | 机械费 | |

7. 查阅《浙江省房屋建筑与装饰工程预算定额》（2018 版），完成表 2-6（金额保留 2 位小数）。

表 2-6　定额编号、计量单位、计算式及金额

| 序号 | 分项工程名称 | 定额编号 | 计量单位 | （换算）计算式 | | 金额/元 |
|---|---|---|---|---|---|---|
| 1 | 房屋地槽人工挖三类湿土，深 2.5m（有桩基） | | | 人工费 | | |
| | | | | 材料费 | | |
| | | | | 机械费 | | |
| 2 | C20 商品混凝土非泵送板（混凝土单价 310 元/$m^3$） | | | 人工费 | | |
| | | | | 材料费 | | |
| | | | | 机械费 | | |
| 3 | C20 现浇泵送混凝土直形楼梯，底板厚度 25cm | | | 人工费 | | |
| | | | | 材料费 | | |
| | | | | 机械费 | | |
| 4 | 现浇现拌 C25（40）钢筋混凝土异形梁 | | | 人工费 | | |
| | | | | 材料费 | | |
| | | | | 机械费 | | |

(续)

| 序号 | 分项工程名称 | 定额编号 | 计量单位 | (换算)计算式 | | 金额/元 |
|---|---|---|---|---|---|---|
| 5 | 屋面刷聚氨酯防水涂料(2.5mm厚)(平面) | | | 人工费 | | |
| | | | | 材料费 | | |
| | | | | 机械费 | | |
| 6 | 反铲挖掘机开挖槽坑三类土方,含水率40%,深6m,下有桩基(不装车) | | | 人工费 | | |
| | | | | 材料费 | | |
| | | | | 机械费 | | |
| 7 | 挖掘机挖槽坑含水率为30%的砂石,根据施工组织设计,在垫板上工作,挖深3.8m(装车) | | | 人工费 | | |
| | | | | 材料费 | | |
| | | | | 机械费 | | |
| 8 | 振动式沉管混凝土灌注桩成孔15m,单位工程量140m$^3$,安放钢筋笼 | | | 人工费 | | |
| | | | | 材料费 | | |
| | | | | 机械费 | | |
| 9 | M5.0混合砂浆砌混凝土1/2多孔砖砖基础 | | | 人工费 | | |
| | | | | 材料费 | | |
| | | | | 机械费 | | |
| 10 | M2.5混合砂浆砌一砖厚混凝土实心砖圆弧墙 | | | 人工费 | | |
| | | | | 材料费 | | |
| | | | | 机械费 | | |
| 11 | 进口硬木有亮胶合板门 | | | 人工费 | | |
| | | | | 材料费 | | |
| | | | | 机械费 | | |
| 12 | 杉木平开窗,窗框断面6×14 | | | 人工费 | | |
| | | | | 材料费 | | |
| | | | | 机械费 | | |
| 13 | 钢板止水带,设计展开宽度500mm | | | 人工费 | | |
| | | | | 材料费 | | |
| | | | | 机械费 | | |
| 14 | 砖砌明沟(DMM10砌筑砂浆,DSM25地面砂浆) | | | 人工费 | | |
| | | | | 材料费 | | |
| | | | | 机械费 | | |

项目3

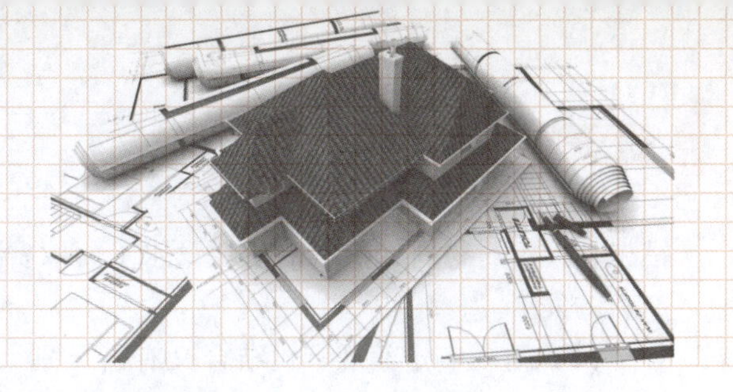

# 国标清单计价基础

## 任务1　工程量清单计价规范概述

### 一、工程量清单计价规范的制定

#### （一）基本概念

《建设工程工程量清单计价规范》（GB 50500—2013）（以下简称《计价规范》）是根据《中华人民共和国建筑法》《中华人民共和国合同法》《中华人民共和国招标投标法》和建设部令第107号《建筑工程施工发包与承包计价管理办法》，并遵循国家宏观调控、市场形成价格的原则，结合我国实际情况制定的。

《计价规范》是统一工程量清单编制、规范工程量清单计价的国家标准，是调整建设工程工程量清单计价活动中发包人与承包人各种关系的规范文件。

#### （二）《计价规范》编制的指导思想和原则

##### 1.《计价规范》编制的指导思想

《计价规范》编制的指导思想是：按照政府宏观控制，市场形成价格，创建公平、公正、公开竞争的环境，以建设全国统一的、有序的建筑市场，既要与国际惯例接轨，又考虑我国的实际情况。主要体现在：

（1）政府宏观调控　一是规定了使用国有资金投资的建设工程，必须严格执行《计价规范》的有关规定，与招标投标法规定的政府投资要进行公开招标是相适应的；二是《计价规范》统一了分部分项工程项目名称、计量单位、工程量计算规则、项目特征和项目编码，为建立全国统一建设市场和规范计价行为提供了依据；三是《计价规范》没有人工、材料、机械的消耗量，因此必须促使企业提高管理水平，引导企业学会编制自己的消耗量定额，以适应市场需要。

（2）市场竞争形成价格　由于《计价规范》不规定人工、材料、机械的消耗量，这为企业报价提供了自主空间，投标企业可以结合自身的生产效率、消耗水平和管理能力与已储备的本企业报价资料，按照《计价规范》规定的原则和方法，投标报价。工程造价的最终确定，由承发包双方在市场竞争中按价值规律通过合同来确定。

##### 2.《计价规范》的编制原则

（1）政府宏观调控、企业自主报价、市场竞争形成价格　按照政府宏观调控、企业自主报价、市场竞争形成价格的指导思想，可规范发包方与承包方计价行为，统一确定工程量清单计价原则、方法和必须遵循的规则，包括统一项目编码、项目名称、计量单位、工程量计算规则等；留给企业自主报价、参与市场竞争的空间，将属于企业性质的施工方法、施工措施和人工、材料、机械的消耗量水平、取费等由企业来确定，给企业充分的权利，促进生产力的发展。

（2）与现实定额既有机结合又有所区别　有机结合体现在：由于现行预算是我国经过几十年实践总结出来的，有一定的科学性和实用性，从事工程造价管理工作的人员已经形成了运用预算定额的习惯，《计价规范》以现行的“全国统一工程预算定额”为基础，特别是项目划分、计量单位、工程量计算规则等方面，尽可能与定额衔接。有所区别体现在：预算定额是按照计划经济的要求制定、发布、贯彻执行的，其中有许多不适应《计价规范》编制指导思想的，包括①定额项目按国家规定以工序为划分子项；②施工工艺、施工方法是根据大多数企业的施工方法综合取定的；③人工、材料、机械消耗量根据“社会平均水平”综合测定；④取费标准是根据不同地区平均测算；因此企业报价时就会表现为平均主义，企业不能结合项目具体情况、自身技术管理自主报价，不能充分调动企业加强管理的积极性。

（3）既考虑我国工程造价管理现状，又尽可能与国际惯例接轨　《计价规范》要根据我国当前工程建设市场发展的形势，逐步解决定额计价中与当前工程建设市场不相适应的问题，适应我国社会主义市场经济发展的需要，适应与国际接轨的需要，积极稳妥地推行工程量清单计价。因此，在编制中，既借鉴了世界银行、菲迪克（FIDIC）、英联邦国家以及我国香港地区等的一些做法和思路，同时，也结合了我国现阶段的具体情况。

### （三）《计价规范》的特点

#### 1. 强制性

强制性主要表现在，一般由建设行政主管部门按照强制性标准的要求批准，规定使用国有资金的建设工程按《计价规范》执行。明确工程量清单是招标文件的组成部分，并规定了招标人在编制清单时必须遵守的规则，做到了“五统一”，即统一项目编码、统一项目名称、统一计量单位、统一项目特征、统一工程量计算规则。

#### 2. 实用性

各专业工程的工程量清单项目及计算规则的项目名称表现的是工程实体项目，明确清晰，工程量计算规则简洁明了；特别是还有项目特征和工程内容，易于编制工程量清单。

#### 3. 竞争性

《计价规范》及各专业工程的工程量计算规范，如《房屋建筑与装饰工程工程量计算规范》（GB 50854—2013）中人工、材料和机械均没有具体的消耗量，投标企业可以依据企业的定额和市场价格信息，也可以参照建设行政主管部门发布的社会平均消耗量定额报价，将报价权交给企业。

#### 4. 通用性

采用工程量清单计价将与国际惯例接轨，符合工程量清单计算方法标准化、工程量计算规则统一化、工程造价确定市场化的规定。

## 二、《计价规范》内容简介

本节主要介绍总则、术语，其余内容在后续任务中介绍。

### （一）总则

《计价规范》的“总则”，主要是从整体上叙述了有关本项规范编制与实施的几个基本问题。主要内容为编制目的，编制法律依据，适用范围以及执行本规范与执行其他标准之间的关系等基本事项。

### 1. 编制目的

规范工程造价计价行为，统一建设工程工程量清单的编制和计价方法。

### 2. 编制依据

《中华人民共和国建筑法》《中华人民共和国合同法》《中华人民共和国招标投标法》等法律法规。

### 3. 适用范围

《计价规范》适用于建设工程发承包及实施阶段的计价活动。

发承包及实施阶段计价活动包括：工程量清单编制、招标控制价编制、投标报价编制、工程合同价款的约定、竣工结算的办理以及工程施工过程中工程计量、工程价款的支付、索赔与现场签证、工程价款的调整和工程计价纠纷处理等活动。

使用国有资金投资的工程建设项目，不分规模大小，必须采用工程量清单计价。

国有资金投资的工程建设项目范围：

1）全部由国有资金投资的工程建设项目，包括：①使用各级财政预算资金的项目；②使用纳入财政管理的各种政府性专项建设资金的项目；③使用国有企事业单位自有资金，并且国有资产投资者实际拥有控制权的项目。

2）由国家融资资金投资的工程建设项目，包括：①使用国家发行债券所筹资金的项目；②使用国家对外借款或者担保所筹资金的项目；③使用国家政策性贷款的项目；④国家授权投资主体融资的项目；⑤国家特许的融资项目。

3）以国有资金为主的工程建设项目，指国有资金占投资总额 50%以上；或虽不足 50%但国有投资者实质上拥有控股权的工程建设项目。

## （二）术语

《计价规范》中共有 52 个术语，这些术语是对《计价规范》中特有名词给予的定义，尽可能避免《计价规范》贯彻实施过程中由于不同理解引发的争议。

《清单计价规范》术语

### 1. 工程量清单

建设工程的分部分项工程项目、措施项目、其他项目、规费项目和税金项目的名称和相应数量等的明细清单。

### 2. 招标工程量清单

招标人依据国家标准、招标文件、设计文件以及施工现场实际情况编制的，随招标文件发布供投标报价的工程量清单，包括其说明及表格。

### 3. 已标价工程量清单

构成合同文件组成部分的投标文件已标明价格，经算术性错误修正（如有）且承包人已确认的工程量清单，包括其说明及表格。

### 4. 分部分项工程

分部工程是单项或单位工程的组成部分，是按结构部位、路段长度及施工特点或施工任务将单项或单位工程划分为若干个分部工程；分项工程是分部工程的组成部分，是按不同施工方法、材料、工序及路段长度等将分部工程划分为若干个分项或项目的工程。

### 5. 措施项目

为完成工程项目施工，发生于该工程施工准备和施工过程中的技术、生活、安全、环境保护等方面的项目。

“措施项目”是实行工程量清单计价时相对于工程实体的分部分项工程项目而言，对实际施工中为完成工程项目施工所必须发生的施工准备和施工过程中非工程实体项目的总称。

### 6. 项目编码

分部分项工程量清单项目名称的数字标识。

### 7. 项目特征

构成分部分项工程量清单项目、措施项目自身价值的本质特征。

“项目特征”是对构成工程实体的分部分项工程量清单项目和非实体的措施清单项目其自身价值的特有属性和本质特征的描述。定义该术语主要是为了准确组价。

### 8. 综合单价

完成一个规定计量单位的分部分项工程量清单项目或措施清单项目所需的人工费、材料和工程设备费、施工机械使用费和企业管理费与利润，以及一定范围内的风险费用。

“综合单价”是相对于工程量清单计价而言，是对完成一个规定计量单位的分部分项清单项目、措施清单项目所需各项费用的价格表示。

### 9. 风险费用

隐含于已标价工程量清单综合单价中，用于化解发承包双方在工程合同中约定内容和范围内的市场价格波动风险的费用。

### 10. 工程成本

承包人为实施合同工程并达到质量标准，在确保安全施工的前提下，必须消耗或使用的人工、材料、工程设备、施工机械台班及其管理等方面发生的费用，以及按规定缴纳的规费和税金。

### 11. 单价合同

发承包双方约定以工程量清单及其综合单价进行合同价款计算、调整和确认的建设工程施工合同。

### 12. 总价合同

发承包双方约定以施工图及其预算和有关条件进行合同价款计算、调整和确认的建设工程施工合同。

### 13. 成本加酬金合同

发承包双方约定以施工工程成本再加合同约定酬金进行合同价款计算、调整和确认的建设工程施工合同。

“成本加酬金合同”是承包人不承担任何价格变化和工程量变化的风险，不利于发包人对工程造价的控制。一般只在“工程特别复杂，工程技术、结构方案不能预先确定”或“时间特别紧迫”的情况下采用。

### 14. 工程造价信息

工程造价管理机构根据调查和测算发布的建设工程人工、材料、工程设备、施工机械台班的价格信息，以及各类工程的造价指数、指标。

### 15. 工程造价指数

反映一定时期的工程造价相对于某一固定时期的工程造价变化程度的比值或比率，包括按单位或单项工程划分的造价指数，按工程造价构成要素划分的人工、材料、机械等价格指数。

### 16. 工程变更

合同工程实施过程中由发包人提出或由承包人提出经发包人批准的合同工程任何一项工作增、减、取消或施工工艺、顺序、时间的改变；设计图纸的修改；施工条件的改变；招标工程量清单的错、漏从而引起合同条件的改变或工程量的增减变化。

### 17. 工程量偏差

承包人按照合同工程的图纸（含经发包人批准由承包人提供的图纸）实施，按照现行国家计量规范规定的工程量计算规则计算得到的，完成合同工程项目应予计量的工程量，与相应的招标工程量清单项目列出的工程量之间出现的量差。

### 18. 暂列金额

招标人在工程量清单中暂定并包括在合同价款中的一笔款项，用于工程合同签订时尚未确定或者不可预见的所需材料、设备、服务的采购，施工中可能发生的工程变更、合同约定调整因素出现时的合同价款调整以及发生的索赔、现场签证确认等的费用。

“暂列金额”包括在合同价款中，但并不直接属承包人所有，而是由发包人暂定并掌握使用的一笔款项。

### 19. 暂估价

招标人在工程量清单中提供的用于支付必然发生但暂时不能确定价格的材料的单价以及专业工程的金额。

暂估价是指在招标阶段预见肯定要发生，只是因为标准不明确或者需要由专业承包人完成，暂时又无法确定具体价格时采用的一种价格形式。

### 20. 计日工

在施工过程中，承包人完成发包人提出的工程合同范围以外的零星项目或工作，按合同中约定的单价计价的一种方式。

“计日工”是对零星项目或工作采取的一种计价方式，类似于定额计价中的签证记工。包括以下含义：①完成计日作业所需的人工、材料、施工机械台班等，其单价由投标人通过投标报价确定；②“计日工”的数量按完成发包人发出的计日工指令的数量确定。

### 21. 总承包服务费

总承包人为配合协调发包人进行的专业工程发包，对发包人自行采购的工程设备、材料等进行保管以及施工现场管理、竣工资料汇总整理等服务所需的费用。

### 22. 安全文明施工费

在合同履行过程中，承包人按照国家法律、法规、标准等规定，为保证安全施工、文明施工、保护现场内外环境和搭拆临时设施等所采用的措施而发生的费用。

### 23. 索赔

在工程合同履行过程中，合同当事人一方因非己方的原因而遭受损失，按合同约定或法律法规规定应由对方承担责任，从而向对方提出补偿的要求。

### 24. 现场签证

发包人现场代表（或其授权的监理人、工程造价咨询人）与承包人现场代表就施工过程中涉及的责任事件所做的签认证明。

“现场签证”是专指在工程建设施工过程中，发、承包双方的现场代表（或其委托人）对发包人要求承包人完成施工合同内容外的额外工作及其产生的费用做出书面签字确认的凭证。

### 25. 提前竣工（赶工）费

承包人应发包人的要求而采取加快工程进度措施，使合同工程工期缩短，由此产生的应由发包人支付的费用。

### 26. 误期赔偿费

承包人未按照合同工程的计划进度施工，导致实际工期超过合同工期（包括经发包人批准的延长工期），承包人应向发包人赔偿损失的费用。

### 27. 不可抗力

发承包双方在工程合同签订时不能预见的，对其发生的后果不能避免，并且不能克服的自然灾害和社会性突发事件。

### 28. 工程设备

工程设备指构成或计划构成永久工程一部分的机电设备、金属结构设备、仪器装置及其他类似的设备和装置。

### 29. 缺陷责任期

缺陷责任期指承包人对已交付使用的合同工程承担合同约定的缺陷修复责任期限。

### 30. 质量保证金

发承包双方在工程合同中约定，从应付合同价款中预留，用以保证承包人在缺陷责任期内履行缺陷修复义务的金额。

### 31. 费用

承包人为履行合同所发生或将要发生的所有合理开支，包括管理费和应分摊的其他费用，但不包括利润。

### 32. 利润

承包人完成合同工程获得的盈利。

### 33. 企业定额

施工企业根据本企业的施工技术、机械装备和管理水平而编制的人工、材料和施工机械台班等的消耗标准。

### 34. 规费

根据国家法律、法规规定，由政府和有关权力部门规定施工企业必须缴纳的，应计入建筑安装工程造价的费用。

根据《建筑安装工程费用项目组成》（建标［2013］44号）的规定，“规费”属于工程造价的组成部分，其计取标准和办法由国家及省级建设行政主管部门依据省级政府或省级有关权力部门的相关规定制定。

### 35. 税金

国家税法规定的应计入建筑安装工程造价内的营业税、城市维护建设税、教育费附加和地方教育附加。

### 36. 发包人

具有工程发包主体资格和支付工程价款能力的当事人以及取得该当事人资格的合法继承人，也可称作招标人。

### 37. 承包人

被发包人接受的具有工程施工承包主体资格的当事人以及取得该当事人资格的合法继承人，也可称作投标人。

### 38. 工程造价咨询人

取得工程造价咨询资质等级证书，接受委托从事建设工程造价咨询活动的当事人以及取得该当事人资格的合法继承人。

### 39. 造价工程师

取得造价工程师注册证书，在一个单位注册、从事建设工程造价活动的专业人员。

### 40. 造价员

取得全国建设工程造价员资格证书，在一个单位注册、从事建设工程造价活动的专业人员。

### 41. 单价项目

工程量清单中以单价计价的项目，即根据合同工程图纸（含设计变更）和相关工程现行国家计量规范规定的工程量计算规则进行计量，与已标价工程量清单相应综合单价进行价款计算的项目。

### 42. 总价项目

工程量清单中以总价计价的项目，此类项目在相关工程现行国家计量规范中无工程量计算规则，以总价（或计算基础乘费率）计算的项目。

### 43. 工程计量

发承包双方根据合同约定，对承包人完成合同工程的数量进行计算和确认。

### 44. 工程结算

发承包双方根据合同约定，对合同工程在实施中、终止时、已完工后进行的合同价款计算、调整和确认，包括期中结算、终止结算和竣工结算。

### 45. 招标控制价

招标人根据国家或省级、行业建设主管部门颁发的有关计价依据和办法，以及拟定的招标文件和招标工程量清单，结合工程具体情况编制的招标工程的最高投标限价。

### 46. 投标价

投标人投标时响应招标文件要求所报出的对已标价工程量清单汇总后标明的总价。

### 47. 签约合同价（合同价款）

发承包双方在工程合同中约定的工程造价，即包括了分部分项工程费、措施项目费、其他项目费、规费和税金的合同总金额。

### 48. 预付款

在开工前，发包人按照合同约定，预先支付给承包人用于购买合同工程施工所需材料、工程设备以及组织施工机械和人员进场等的款项。

### 49. 进度款

在合同工程施工过程中，发包人按照合同约定对付款周期内承包人完成的合同价款给予支付的款项，也是合同价款期中结算支付。

### 50. 合同价款调整

在合同价款调整因素出现后，发承包双方根据合同约定，对合同价款进行变动的提出、计算和确认。

### 51. 竣工结算价

发承包双方依据国家有关法律、法规和标准规定，按照合同约定确定的，包括在履行合同过程中按合同约定进行的合同价款调整，是承包人按合同约定完成了全部承包工作后，发包人应付给承包人的合同总金额。

### 52. 工程造价鉴定

工程造价咨询人接受人民法院、仲裁机关委托，对施工合同纠纷案件中的工程造价争议，运用专门知识进行鉴别、判断和评定，并提供鉴定意见的活动，也称为工程造价司法鉴定。

## 【小结】

本任务是对国标工程量清单计价规范指导思想、编制原则、特点等的简单介绍，学习时要理解术语的含义。

## 【思考与练习题】

### 一、单项选择题

承包人不需要承担任何风险的合同是（　　）。

A. 成本加酬金合同　B. 总价合同　C. 单价合同　D. 总承包合同

### 二、多项选择题

1. 对于暂列金额，以下理解错误的是（　　）。

A. 包括在合同价款中　B. 由承包人暂定并掌握

C. 必然会发生的费用　D. 用于支付索赔和签证

2. 工程量清单包含的内容有（　　）。

A. 名称　B. 单价　C. 数量　D. 总价

3. 关于计日工的含义，以下正确的是（　　）。

A. 工程合同以外零星项目的计价　B. 数量由投标人确定

C. 单价由发包人暂定　D. 类似于签证计工

4. 国标清单计价的指导思想是（　　）。

A. 政府宏观调控　B. 控制价指导费

C. 市场竞争形成价格　D. 控制量指导价

### 三、简答题

1. 什么叫工程量清单？工程量清单计价与传统定额预算计价法的差别有哪些？

2. 试述我国实行工程量清单计价的目的和意义。

3.《建设工程工程量清单计价规范》（GB 50500—2013）由哪几个部分构成？

4.《建设工程工程量清单计价规范》（GB 50500—2013）的特点有哪些？

### 四、判断题

1. 工程量清单由投标人，根据施工图纸、招标文件等，根据实际情况编制。（　　）

2. 暂列金额是指建设单位在工程量清单中暂定并包括在工程合同价款中的一笔款项。（　　）

3. 国标工程量清单和定额清单相比，项目划分相对单一。（　　）

4. 定额清单项目比国标清单项目数量多。（　　）

5. 措施项目是指形成工程实体的项目。（　　）

6. 项目特征描述的是项目自身价值和本质特征。（　　）

# 任务2　国标工程量清单的编制

## 一、工程量清单概述

### （一）工程量清单概念

房屋建筑与装饰工程工程量清单是指拟建建筑与装饰工程的分部分项工程项目、措施项目、其他项目的名称和相应数量的明细清单。由招标人按照《房屋建筑与装饰工程工程量计算规范》（GB 50854—2013）（以下简称《计算规范》）中工程量清单项目统一的项目编码、统一的项目名称、统一的项目特征、统一的计量单位和统一的工程量计算规则进行编制。它是建设工程招标投标活动中对招标人和投标人都具有约束力的重要文件，是招标投标活动的重要依据。工程量清单中提供的工程量是计算投标价格、合同价款的基础，因此，专业性强，内容复杂，对编制人的专业技术水平要求高。

### （二）工程量清单的作用

#### 1. 工程量清单是建设工程造价确定的依据

实行工程量清单计价的建设工程，其标底的编制应根据《计价规范》及《计算规范》的有关要求、施工现场的实际情况、合理的施工方法等进行编制；投标报价应根据招标文件中酌工程量清单和有关要求、施工现场实际情况及拟定的施工方案或施工组织设计，依据企业定额和市场价格信息，或参照建设行政主管部门发布的社会平均消耗量定额进行编制；合同价款必须依据工程量清单中的工程量来进行计算。

#### 2. 工程量清单是建设工程造价控制的依据

在施工过程中，发包人应按照合同约定和施工进度支付工程款，依据已完项目工程量和相应单价计算工程进度款。工程竣工验收通过后，承包人应依据工程量清单的约定及其他资料办理竣工结算。因设计变更或追加工程项目影响工程造价时，合同双方应根据工程量清单和合同其他约定调整合同价格。对于并非自己的过错，而是应由对方承担责任的情况造成的实际损失，合同一方可向对方提出经济补偿和（或）工期顺延的要求，即“索赔”。工程量清单是合同文件的组成部分，因此，它是索赔的重要依据之一。

#### （三）工程量清单项目编制的原则

##### 1. 符合《计算规范》的原则

工程量清单在编制时应当符合统一要求，即项目编码统一、项目特征统一、项目名称统一、计量单位统一、工程量计算规则统一（五个统一）。由于工程量清单计价时企业自主报价，清单工程量和计价工程量的编制依据和计算规则不一定相同，所以，“量”“价”实行分离（两个分离）。

##### 2. 符合实物工程量与描述对象准确的原则

工程量清单对招标人和投标人都具有很强的约束力。工程量清单是招标人发出的，表现拟建工程各分部分项工程实物名称、性质、特征、单位、数量；为完成实体工程而采取的措施数量；项目的特殊要求的清单，工程量与描述对象要力求准确。

### 二、编制工程量清单的一般规定

#### （一）招标工程量清单编制人

应由具有编制能力的招标人或受其委托、具有相应资质的工程造价咨询人编制。

#### （二）招标工程量清单负责人

招标工程量清单必须作为招标文件的组成部分，其准确性和完整性由招标人负责。

#### （三）招标工程量清单性质

招标工程量清单是工程量清单计价的基础，应作为编制招标控制价、投标报价、计算或调整工程量、索赔等的依据之一。

#### （四）招标工程量清单组成

应以单位（项）工程为单位编制，应由分部分项工程量清单、措施项目清单、其他项目清单、规费项目清单、税金项目清单组成。

#### （五）编制工程量清单的依据

1）计价规范和相关工程的国家计量规范。

2）国家或省级、行业建设主管部门颁发的计价依据和办法。

3）建设工程设计文件。

4）与建设工程项目有关的标准、规范、技术资料。

5）拟定的招标文件。

6）施工现场情况、水文地质勘察资料、工程特点及常规施工方案。

7）其他相关资料。

### 三、分部分项工程量清单的编制

#### （一）分部分项工程量清单的编制依据

分部分项工程量清单应按《计算规范》规定的项目编码、项目名称、项目特征、计量单位和工程量计算规则进行编制。

分部分项工程量清单的编制

#### （二）分部分项工程量清单的项目编码

分部分项工程量清单应采用十二位阿拉伯数字表示。一至九位应按《计算规范》的规定设置，十至十二位应根据拟建工程的工程量清单项目名称设置，同一招标工程的项目不得有重复编码。

当同一标段（含合同段）一份工程量清单中含有多个单项或单位工程且工程量清单是以单位工程为编制对象时，在编制工程量清单时应特别注意对项目编码十到十二位的设置不得有重码的规定。例如，同一标段（含合同段）的工程量清单中含有两个单位工程，每个单位工程都有特征相同的现浇钢筋混凝土梁C30，在工程量清单中又需反映两个不同单位工程的现浇钢筋混凝土梁C30工程量，此时工程量清单应以单位工程为编制对象，则第一个单位工程的现浇钢筋混凝土梁C30的项目编码为010503002001，第二个单位工程的现浇钢筋混凝土梁C30的项目编码不能相同，可编为010503002002。

由于科学技术的发展日新月异，工程建设中新材料、新技术、新工艺不断涌现，在实际编制工程量清单时，当出现《计算规范》中未包含的清单项目时，编制人可作补充，补充项目应填写在工程量清单相应分部工程项目之后。补充项目的编码由《计算规范》代码01与B和三位阿拉伯数字组成，并应从01B001起顺序编制，同一招标工程的项目不得有重码。工程量清单中应附有补充项目的名称、项目特征、计量单位、工程量计算规则、工作内容，编制的补充项目应报省级或行业造价管理机构备案。

### （三）分部分项工程量清单的项目名称

分部分项工程量清单的项目名称应按相关专业工程现行的工程量计算规范中的项目名称结合拟建工程的实际情况确定。应考虑的因素有：一是《计算规范》中所列清单的项目名称；二是《计算规范》中的项目特征；三是拟建工程的实际情况。

编制工程量清单时，应以《计算规范》中的项目名称为主体，考虑该项目的规格、型号、材质等特征要求，结合拟建工程的实际情况，使其工程量清单项目名称具体化，能够体现影响工程造价的主要因素。

### （四）分部分项工程量清单的项目特征

分部分项工程量清单的项目特征应按相关专业工程现行的工程量计算规范中的项目特征，结合拟建工程的实际予以描述。

工程量清单的项目特征是确定一个清单项目综合单价不可缺少的重要依据，项目特征决定工程实质内容，而实质内容直接决定工程实体的自身价值。项目特征描述不详实、不清楚、不明确都会直接影响项目综合单价，而且项目特征是区分《计算规范》中统一清单条目下各个具体的清单项目的最重要依据。没有项目特征的准确描述，对于相同或相似的清单项目名称就无从区分，项目特征还是承发包双方履行该合同进行工程结算的基础，在编制的工程量清单中必须对其项目特征进行准确和全面的描述。在实际的工程量清单项目特征描述中有些项目特征用文字往往又难以准确和全面的予以描述，因此为达到规范、统一、简捷、准确、全面描述项目特征的要求，在描述工程量清单项目特征时应按以下原则进行：

1）项目特征描述的内容按《计算规范》规定的内容，项目特征的表述应结合拟建工程的实际要求，能满足确定综合单价的需要。

2）若采用标准图集或施工图纸能够全部或部分满足项目特征描述的要求，项目特征描述可直接采用详见××图集或××图号的方式。对不能满足项目特征描述要求的部分，仍应用文字描述。

### （五）分部分项工程量清单中所列工程量

分部分项工程量清单中的工程量应按《计算规范》中规定的工程量计算规则计算。

1）如果《计算规范》中有两个或两个以上计量单位的，应结合拟建工程项目的实际情况，遵循最适宜表现该项目特征、方便计量以及和本地区计价定额相配套的原则，选择其中一个为计量单位。同一工程项目的计量单位应一致。

2）工程量计量时每一项目汇总的有效位数应遵守下列规定：

① 以吨为单位，应保留小数点后三位数字，第四位小数四舍五入。

② 以“m”“$m^2$”“$m^3$”“kg”为单位，应保留小数点后二位数字，第三位小数四舍五入。

③ 以“个”“件”“根”“组”“系统”为单位，应取整数。

### （六）其他说明

1）对于现浇混凝土工程的清单项目，一方面《计算规范》附录 E 混凝土及钢筋混凝土工程的“工作内容”中包括了模板工程的内容，以立方米计量，与混凝土工程项目一起组成综合单价；另一方面又在附录 S 措施项目中单列了现浇混凝土模板工程项目的清单，以平方米计量，单独组成综合单价。

招标人应根据工程的实际情况在同一标段（或合同段）中在两种方式中选择其一。若招标人在措施项目清单中未编列现浇混凝土模板项目清单，即表示现浇混凝土模板项目不单列，其费用应包含在现浇混凝土清单项目的综合单价中。

2）《计算规范》附录 E 中预制混凝土构件按现场制作编制项目，其“工作内容”中包括模板工程，不再另列。若采用成品预制混凝土构件，构件成品价（包括模板、钢筋、混凝土等所有费用）应计入综合单价中。

3）金属结构构件、门窗（橱窗除外）按成品编制项目，成品价应计入综合单价中；若采用现场制作，应包括制作的所有费用。

**【例 3-1】** 某工程基础平面及断面图如图 3-1 所示，自然地坪标高-0.30m，二类土，垫层混凝土为 C10，基础混凝土为 C30，钢筋为Φ10 圆钢（0.22t），柱顶标高 1.700m，柱体混

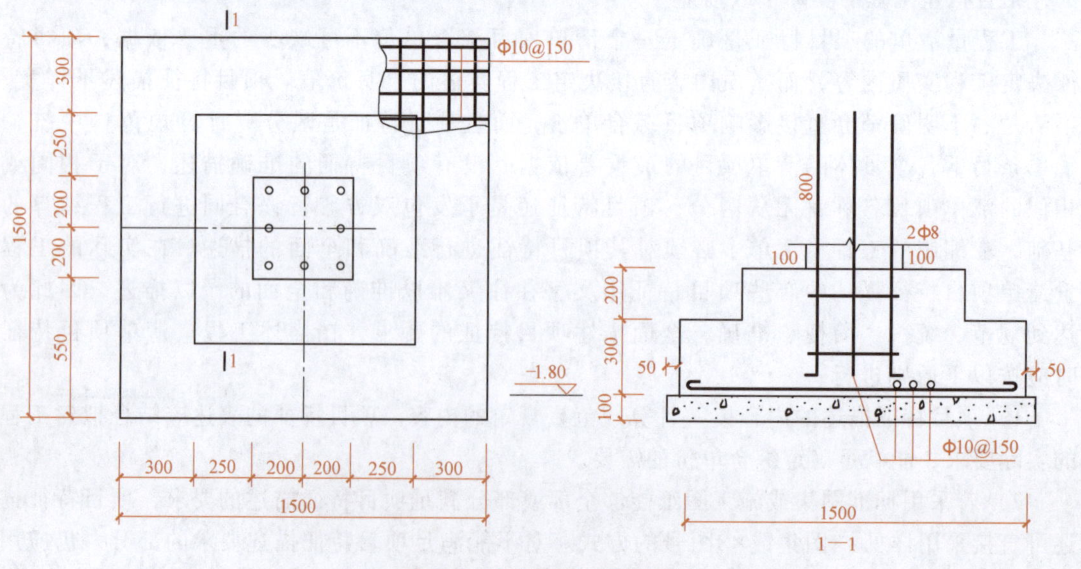


图 3-1 基础平面及断面图

凝土为C20，钢筋为Φ20螺纹钢（0.35t），地下水位-2.5m，基础土方堆放于5km处，请编制该工程挖土方国标工程量清单。

**解：** 土方工程量清单编制见表3-1。

表3-1 分部分项工程量清单

| 序号 | 项目编码 | 项目名称 | 项目特征 | 计量单位 | 数量 | 综合单价 | 合价 |
|---|---|---|---|---|---|---|---|
| 1 | 010101004001 | 挖基坑土方 | 二类土、挖土深度1.6m，弃土运距5km | $m^3$ | 4.096 | | |

## 四、措施项目清单的编制

措施项目清单和其他项目清单的编制

《计算规范》将措施项目划分为两类：一类是不能计算工程量的项目，如文明施工和安全防护、临时设施等，以“项”计价，称为“总价项目”；另一类是可以计算工程量的项目，如脚手架、模板工程等，以“量”计价，更有利于措施费的确定和调整，称为“单价项目”。

### （一）可以计算工程量的措施项目编制

措施项目中列出项目编码、项目名称、项目特征、计量单位和工程量计算规则的项目，编制工程量清单时，应按分部分项工程量清单的规定编制，见表3-2示例。

表3-2 措施项目工程量清单示例（1）

| 序号 | 项目编码 | 项目名称 | 项目特征 | 计量单位 | 工程数量 |
|---|---|---|---|---|---|
| 1 | 011702002001 | 矩形柱 | 组合钢模，层高为5m | $m^2$ | 58.66 |

### （二）不能计算工程量的措施项目编制

措施项目中仅列出项目编码、项目名称，未列出项目特征、计量单位和工程量计算规则的项目，编制工程量清单时，应按照《计算规范》附录S措施项目规定的项目编码、项目名称确定，见表3-3示例。

表3-3 措施项目工程量清单示例（2）

| 序号 | 项目编码 | 项目名称 | 工作内容及包含范围 |
|---|---|---|---|
| 1 | 011707005001 | 冬雨季施工 | 冬雨季施工时，施工现场的防滑处理，对影响施工地点雨雪的清除 |

### （三）补充的措施项目清单

措施项目清单的编制需要考虑多种因素，除工程本身的因素外，还涉及水文、气象、环境、安全等因素，《计算规范》不可能将施工中可能出现的措施项目一一列出，在编制措施项目清单时，若出现《计算规范》中未列的措施项目，可根据工程的具体情况对措施项目清单作补充。

## 五、其他项目清单的编制

### （一）其他项目清单宜按照下列内容列项

1）暂列金额。

2）暂估价：包括材料暂估单价、工程设备暂估单价、专业工程暂估价。

3）计日工。

4）总承包服务费。

### 1. 暂列金额

在《计价规范》术语中已经定义暂定金额是招标人暂定并包括在合同中的一笔款项。由于我国对政府投资工程实行概算管理，经项目审批部门批复的设计概算是工程投资控制的刚性指标，同时商业性开发项目也有成本的预先控制问题，否则，无法相对准确预测投资的收益和科学合理地进行投资控制；但是，工程建设自身的特性决定了工程设计需要根据工程进展不断地进行优化和调整，业主需求可能会随工程建设进展出现变化，工程建设过程还会存在其他一些不能预见、不能确定的因素，消化这些因素必然会影响合同价格的调整，暂列金额正是因应这类不可避免的价格调整而设立，以便达到合理确定和有效控制工程造价的目标。

### 2. 暂估价

暂估价指在招标阶段预见肯定要发生，只是因为标准不明确或者需要由专业承包人完成，暂时无法确定其价格。暂估价数量和拟用项目应当结合“工程量清单”的“暂估价表”予以补充说明。

（1）材料和工程设备暂估价

1）材料、工程设备暂估单价应根据工程造价信息或参照市场价格估算，列出明细表。

2）为方便合同管理，材料和工程设备暂估价应需要纳入分部分项工程量清单项目综合单价中的，以方便投标人组价。

（2）专业工程的暂估价　一般应是综合暂估价，应当包括除规费和税金以外的管理费、利润等取费。总承包招标时，专业工程设计深度往往是不够的，一般需要交由专业设计人进行设计，国际上，出于提高可建造性的考虑，一般由专业承包人负责设计，以发挥其专业技能和专业施工经验的优势。这类专业工程交由专业分包人完成是国际工程的良好实践，目前在我国工程建设领域也已经比较普遍。公开透明地合理确定这类暂估价的实际开支金额的最佳途径就是通过建设项目招标人与施工总承包人共同组织的招标。

### 3. 计日工

计日工是对完成零星工作所消耗的人工工时、材料数量、机械台班进行计量，并按照计日工表中填报的适用项目的单价进行计价支付。计日工适用的所谓零星工作一般是指合同约定之外的或因变更而产生的、工程量清单中没有相应项目的额外工作，尤其是那些时间不允许事先商定价格的额外工作。

计日工为额外工作和变更的设计提供了一个方便快捷的途径，但是，在以往的实践中，计日工经常被忽略，其中一个主要原因是计日工项目的单价水平一般要高于工程量清单单价的水平。理论上讲，合理的计日工单价水平一般要高于工程量清单的价格水平，一方面，计日工往往是用于一些突发性的额外工作，缺少计划性，承包人在调动施工生产资源方面难免会影响已经计划好的工作，生产资源的使用效率也有一定的降低，客观上造成超出常规的额外投入；另一方面，计日工清单往往忽略给出一个暂定的工程量，无法纳入有效的竞争，也是造成其单价水平偏高的原因之一，因此计日工表中一定要给出暂定数量，并且需要根据经验，尽可能估算一个比较贴近实际的数量。

#### 4. 总承包服务费

总承包服务费是为了解决招标人在法律、法规允许的条件下进行专业工程发包以及自行供应材料、设备，并需要总承包人对发包的专业工程提供协调和配合服务（如分包人使用总包人的脚手架、垂直运输机械等）；对供应的材料、设备提供收、发和保管服务以及对施工现场进行统一管理；对竣工资料进行统一汇总整理等发生并向总承包人支付的费用。招标人应当预计该项费用并按投标人的投标报价向投标人支付该项费用。

### （二）出现规范中未列的项目，可根据工程实际情况补充

该条规定了对于其他项目清单可以进行补充，如在竣工结算中就可以将索赔、现场签证列入其他项目清单中。

### （三）索赔、现场签证

竣工结算时可以将索赔、现场签证列入其他项目清单中。

## 六、规费、税金项目清单的编制

规费项目和税金项目清单，保证了工程量清单计价包含内容的完整性，是我国国情在工程量清单计价的真实反映。

### （一）规费项目

规费项目清单应按照下列内容列项：①社会保障费：包括养老保险费、失业保险费、医疗保险费、工伤保险费、生育保险费；②住房公积金；③工程排污费。

出现规范未列的规费项目，应根据省级政府或省级有关权力部门的规定列项。

### （二）税金项目

税金项目清单应包括下列内容：①营业税；②城市维护建设税；③教育费附加；④ 地方教育附加。

出现规范未列的税金项目，应根据税务部门的规定列项。

## 【小结】

编制工程量清单是一项重要的工作。在工程量清单编制中尤以分部分项工程量清单、措施项目清单、其他项目清单容易出错。分部分项工程量清单编制时：项目编码要注意补充到12位，不能重复编码，清单中没有的项目要补充编码；项目特征要描述详尽准确；计量单位要统一；工程量计算严格按清单规则计算。措施项目清单编制注意区分以项计算措施项目和能计算工程量的措施项目。其他项目清单编制时主要以招标文件给出的条件为准，但是注意材料暂估价的处理。

## 【思考与练习题】

### 一、单项选择题

1. 分部分项工程量清单中，项目编码的第四单元表示（　　）。

A. 分节（类别）代号　　B. 分部工程代号

C. 分项工程序号　　D. 专业工程代号

2. 以下属于规费项目清单内容的是（　　）。

A. 暂列金额　　B. 暂估价　　C. 劳动保险费　　D. 计日工

3. 以下（　　）是正确的国标清单补充编码。

A. B01001　　B. 02B001　　C. 00201B　　D. 001B01

4. 下列不属于规费清单内容的是（　　）。

A. 养老保险　　B. 失业保险　　C. 生育保险　　D. 意外保险

5. 依据《房屋建筑与装饰工程工程量计算规范》（GB 50854—2013）规定，以“kg”为单位的工程量应保留小数点后（　　）位数字。

A. 1　　B. 2　　C. 3　　D. 4

二、多项选择题

1. 总价项目清单的内容包括（　　）。

A. 项目名称　　B. 项目特征　　C. 项目编码　　D. 工程量

2. 以下属于其他项目清单内容的有（　　）。

A. 暂列金额　　B. 现场签证　　C. 计日工　　D. 索赔

三、判断题

1. 总承包服务费应计入其他项目清单中。（　　）

2. 单价项目清单的编制方法与分部分项工程量的编制方法相同。（　　）

3. 国标工程量清单的项目编码由12位阿拉伯数字表示。（　　）

四、试写出下列清单项目的清单编码、项目名称和计量单位

1. 机械挖带形基础土方。

2. $\phi$377 沉管混凝土灌注桩。

3. M7.5 混合砂浆烧结普通砖基础。

4. C20（40）预制混凝土过梁。

5. C30（20）现浇泵送商品混凝土阳台。

6. 胡桃木木楼梯。

7. 石砌台阶。

8. C10（40）现浇现拌混凝土垫层。

9. SBS 改性卷材。

10. 露台抛光砖地面。

11. 墙面乳胶漆二遍。

12. 现浇混凝土栏板。

# 任务3　国标工程量清单计价

## 一、工程量清单计价概述

### （一）工程量清单计价的概念

工程量清单计价是在建设工程招标投标工作中，按照国家统一的工程量清单计价规范和各专业工程的工程量清单计算规范，以招标人提供的工程量清单为平台，投标人根据自身的技术、财务、经营能力自行报价，招标人以合理低价确定中标价格的计价方式。

### （二）工程量清单计价的特点和优势

工程量清单计价是市场形成工程造价的主要形式，它给企业自主报价提供了空间，实现了政府定价到市场定价的转变。清单计价法是一种既符合建筑市场竞争规则、经济发展需要，又符合国际惯例的计价办法。与原有定额计价模式相比，清单计价具有以下特点和优势：

#### 1. 充分体现施工企业自主报价，市场竞争形成价格

工程量清单计价法完全突破了我国传统的定额计价管理方式，是一种全新的计价管理模式。它的主要特点是依据建设行政主管部门颁布的工程量计算规则，按照施工图纸、施工现场、招标文件的有关规定要求，由施工企业自己编制而成。计价依据不再套用政府编制的定额和单价，所有工程中人工、材料、机械费用价格都由市场价格来确定，真正体现了企业自主报价、市场竞争形成价格的崭新局面。

#### 2. 搭建了一个平等竞争的平台，满足充分竞争的需要

在工程招标投标中，投标报价往往是决定是否中标的关键因素，而影响投标报价质量的是工程量计算的准确性。工程预算定额计价模式下，工程量由投标人各自测算，企业是否中标，很大程度上取决于预算编制人员素质，最后工程招标投标变成施工企业预算编制人员之间的竞争，而企业的施工技术、管理水平无法得以体现。实现工程量清单计价模式后，招标人提供工程量清单，对所有投标人都是一样的，不存在工程项目、工程数量方面的误差，有利于公平竞争。所有投标人根据招标人提供的统一的工程量清单，根据企业管理水平和技术能力，考虑各种风险因素，自主确定人工、材料、施工机械台班消耗量及相应价格，自主确定项目综合报价。

#### 3. 促进施工企业整体素质提高，增强竞争能力

工程量清单计价反映的是施工企业的个别成本，而不是社会的平均成本。投标人在报价时，必须通过对单位工程成本、利润进行分析，统筹兼顾，精心选择施工方案，并根据投标人自身的情况综合考虑人工、材料、施工机械等要素的投入与配置，优化组合，合理确定投标价，以提高投标竞争力。

工程量清单报价体现了企业施工、技术管理水平等综合实力，这就要求投标人必须加强管理，改善施工条件，加快技术进步，提高劳动生产率，鼓励创新，从技术中要效率，从管理中要利润；注重市场信息的搜集和施工资料的积累，推动施工企业编制自己的消耗量定额，全面提升企业素质，增强综合竞争能力，这样才能在激烈的市场竞争中不断发展壮大，立于不败之地。

#### 4. 有利于招标人对投资的控制，提高投资效益

采用工程预算定额计价模式，发包人对设计变更等所引起的工程造价变化不敏感，往往等到竣工结算时才知道这些变更对项目投资的影响程度，但为时已晚。而采用了工程量清单计价模式后，工程变更对工程造价的影响一目了然，这样发包人就能根据投资情况来决定是否变更或进行多方案比选，以决定最恰当的处理方法。同时工程量清单为招标人的期中付款提供了便利，用工程量清单计价，简单、明了，只要完成的工程数量与综合单价相乘，即可计算工程造价。

另外，采用工程量清单计价模式后，投标人没有以往工程预算定额计价模式下的约束，完全根据自身的技术装备和管理水平自主确定人工、材料、施工机械台班消耗量及相应价格

和各项管理费用，有利于降低工程造价，节约资金，提高资金的使用效益。

#### 5. 风险分配合理化，符合风险分配原则

建设工程一般都比较复杂，建设周期长，工程变更多，因而风险比较大，采用工程量清单计价模式后，招标人提供工程量清单，对工程数量的准确性负责，承担工程项目、工程数量误差风险；投标人自主确定项目单价，承担单价计算风险。这种格局符合风险合理分配与责权利关系对等的一般原则。合理的风险分配，可以充分发挥发承包双方的积极性，降低工程成本，提高投资效益，达到双赢的结果。

#### 6. 有利于简化工程结算，正确处理工程索赔

施工过程发生的工程变更，包括发包人提出工程设计变更、工程质量标准及其他实质性变更，工程量清单计价模式为确定工程变更造价提供了有利条件。工程量清单计价具有合同化的法定性，投标时的分项工程单价在工程设计变更计价、进度报表计价、竣工结算计价时是不能改变的，从而大大减少了双方在单价上的争议，简化了工程项目各个阶段的预结算编审工作。除了一些隐蔽工程或一些不可预测的因素外，工程量都可依据图纸或实测实量。因此，在结算时能够做到清晰、快捷。

### （三）实行工程量清单计价的目的和意义

#### 1. 实行工程量清单计价，是工程造价深化改革的产物

长期以来，我国发承包计价、定价以工程预算定额作为主要依据。1992 年，为了适应建设市场改革的要求，针对工程预算定额编制和使用中存在的问题，提出了“控制量、指导价、竞争费”的改革措施，工程造价管理由静态管理模式逐步转变为动态管理模式，其中对工程预算定额改革的主要思路和原则是：将工程预算定额中的人工、材料、机械的消耗量和相应的单价分离，人工、材料、机械的消耗量是国家根据有关规范、标准以及社会的平均水平来确定。控制量目的就是保证工程质量，指导价就是要逐步走向市场形成价格，这一措施在我国实行社会主义市场经济初期起到了积极的作用。但随着建设市场化进程的发展，这种做法仍然难以改变工程预算定额中国家指令性的状况，难以满足招标投标和评标的要求，因为，控制的量反映的是社会平均消耗水平，不能准确地反映各个企业的实际消耗量，不能全面地体现企业技术装备水平、管理水平和劳动生产率，更不能充分体现市场公平竞争，工程量清单计价将改革以工程预算定额为计价依据的计价模式。

#### 2. 实行工程量清单计价，是规范建设市场秩序，适应社会主义市场经济发展的需要

工程造价是工程建设的核心内容，也是建设市场运行的核心内容，建设市场上存在的许多不规范行为，大多与工程造价有关。过去的工程预算定额在工程发包与承包工程计价中调节双方利益、反映市场价格等方面显得滞后，特别是在公开、公平、公正竞争方面，缺乏合理完善的机制，甚至出现了一些漏洞。实现建设市场的良性发展除了法律法规和行政监管以外，发挥市场规律中“竞争”和“价格”的作用是治本之策。工程量清单计价是市场形成工程造价的主要形式，工程量清单计价有利于发挥企业自主报价的能力，实现政府定价到市场定价的转变；有利于规范业主在招标中的行为，有效改变招标单位在招标中盲目压价的行为，从而真正体现公开、公平、公正的原则，反映市场经济规律。

#### 3. 实行工程量清单计价，是促进建设市场有序竞争和企业健康发展的需要

采用工程量清单计价模式招标投标，对发包单位来说，由于工程量清单是招标文件的组成部分，招标单位必须编制出准确的工程量清单，并承担相应的风险，促进招标单位提高管

理水平。由于工程量清单是公开的，可有效避免工程招标中的弄虚作假、暗箱操作等不规范行为。对承包企业来说，采用工程量清单报价，必须对单位工程成本、利润进行分析，统筹考虑、精心选择施工方案，并根据企业的定额合理确定人工、材料、施工机械等要素的投入与配置，优化组合，合理控制现场费用和施工技术措施费用，确定投标价。这样做，改变了过去过分依赖国家发布定额的状况，企业可根据自身的条件编制出自己的企业定额。

工程量清单计价的实行，有利于规范建设市场计价行为，规范建设市场秩序，促进建设市场有序竞争；有利于控制建设项目投资，合理利用资源；有利于促进技术进步，提高劳动生产率；有利于提高造价工程师的素质，使其成为懂技术、懂经济、懂管理的全面发展的复合型人才。

#### 4. 实行工程量清单计价，有利于我国工程造价管理政府职能的转变

按照政府部门真正履行起“经济调节、市场监管、社会管理和公共服务”职能的要求，政府对工程造价管理的模式要相应改变，将推行政府宏观调控、企业自主报价、市场竞争形成价格、社会全面监督的工程造价管理思路。

实行工程量清单计价，将有利于我国工程造价管理政府职能的转变，由过去政府控制的指令性定额转变为制定适应市场经济规律需要的工程量清单计价方法，由过去行政直接干预转变为对工程造价依法监管，有效地强化政府对工程造价的宏观调控。

#### 5. 实行工程量清单计价，是适应我国加入世界贸易组织，融入世界大市场的需要

随着我国改革开放的进一步加快，中国经济日益融入全球市场，特别是我国加入世界贸易组织后，行业壁垒被打破，建设市场将进一步对外开放，国外的企业以及投资的项目越来越多地进入国内市场，我国企业走出国门在海外投资和经营的项目也在增加。为了适应这种对外开放建设市场的形势，就必须与国际通行的计价方法相适应，为建设市场主体创造一个与国际惯例接轨的市场竞争环境。工程量清单计价是国际通行的计价做法，在我国实行工程量清单计价，有利于提高国内建设各方主体参与国际化竞争的能力，有利于提高工程建设的管理水平。

### （四）工程量清单计价原则

1）遵循客观、公正、公平、诚实信用的原则。

2）遵守相关的法律、法规和规范的原则。

3）勤于询价，加强材料信息储备管理的原则。

### （五）工程量清单计价依据

1）发、承包人签订的施工合同及有关补充协议、会议纪要以及招标投标文件。

2）《建设工程工程量清单计价规范》（GB 50500—2013）、《房屋建筑与装饰工程工程量计算规范》（GB 50854—2013）。

3）国家法律、法规和政府及有关部门规定的规费。

4）各省、市自治区颁发的《建筑装饰工程消耗量定额》。

5）工程造价管理机构发布的人工、材料、机械台班等价格信息以及计算方法等。

6）工程施工图及图纸会审纪要、设计变更以及经发包人认可的施工组织设计或方案。

7）现场签证。

8）索赔及相关资料。

9）其他。

#### （六）《计价规范》中清单计价一般规定

1）采用工程量清单计价，建设工程造价由分部分项工程费、措施项目费、其他项目费、规费和税金组成。

2）使用国有资金投资的建设工程发承包，必须采用工程量清单计价。

3）非国有资金投资的建设工程发承包，宜采用工程量清单计价。

4）工程量清单应用综合单价计价。

5）不论分部分项工程项目、措施项目、其他项目，还是以单价或以总价形式表现的项目，其综合单价的组成内容都应包括完成该项清单项目所需的人工费、材料和工程设备费、机械费、企业管理费以及风险费用，即除规费、税金以外的所有金额。

6）措施项目中的安全文明施工费、规费和税金必须按照国家或省级、行业建设主管部门的规定计价，不得作为竞争性费用。

7）建设工程发承包，必须在招标文件或合同中明确计价中的风险内容及其范围，不得采用无限风险、所有风险或类似语句规定风险内容及其范围。

## 二、分部分项工程量清单计价表的编制

分部分项工程量清单费用是指完成招标文件中所提供的分部分项工程量清单项目所需费用，即构成工程实体的费用。分部分项工程量清单计价应采用综合单价计价。

### （一）综合单价的概述

#### 1. 综合单价的含义

综合单价是指完成工程量清单中一个规定计量单位项目所需的人工费、材料和工程设备费、机械使用费、管理费和利润，并考虑一定范围内的风险费用。

#### 2. 综合单价的组成

根据我国的实际情况，综合单价是完成规定计量单位的工程量清单项目所需的包括除规费、税金以外的全部费用，即综合单价除含有实体成本以外，还包含了企业的管理费用、所获得的利润以及承担工程风险应考虑的费用，计算公式如下：

综合单价=人工费+材料和工程设备费+机械使用费+管理费+利润+风险费

#### 3. 综合单价的特性

（1）单价的固定性

综合单价包括人工费、材料和工程设备费、机械使用费、企业管理费和一定的风险费用，其组成内容是固定的。

（2）单价的可变性

1）合同上的变更，合同文件发生修改使工作性质发生改变。

2）工程条件变化，如加速施工等条件下合同发生改变。

3）工程变更或额外工程，使新工作量与原来合同项目工程量发生实质性变动，从而单价不适用。

4）价格调整和后续法规变动，使招标人填报的单价基础发生了变动。

5）施工企业进行合理的索赔补偿。

（3）单价的综合性　从综合单价所包含的工程或工作内容上讲，它包含了实体项目、措施项目及其他项目等，具有一定的综合性。

(4) 单价的依存性　建筑工程项目具有个别性、复杂性等特点，产生变更的因素较多，所以签订的工程合同不可能对施工过程中各种事项均做出明确规定，因此合同具有不完全性，单价的依存性由此产生，它的单价的有效性与投标时的合同初始状态高度依存，是由工程合同的不完全性决定的。

#### 4. 综合单价组价的依据

综合单价组价的依据包括：①工程量清单；②招标文件；③企业定额；④现行装饰装修消耗量定额；⑤施工组织设计及施工方案；⑥以往的报价资料；⑦人工单价、现行材料、机械台班价格信息。

#### 5. 综合单价组价时应注意的问题

综合单价组价时应注意：①熟悉招标书全部内容；②熟悉施工工艺；③熟悉施工组织设计和施工方案；④熟悉企业定额的编制原理；⑤经常进行市场询价和调查；⑥熟悉风险管理的有关内容；⑦广泛收集各类基础性资料，积累经验；⑧与决策领导沟通，明确投标策略。

### （二）综合单价组价的计算程序

1）根据工程量清单项目名称和拟建工程的具体情况，按照投标人的企业定额或参照本省“计价依据”，分析确定该清单项目的各项可组合的计价工程内容，并据此选择对应的定额子目。

2）计算一个规定计量单位清单项目所对应定额子目的工程量，称“计价工程量”。

3）根据投标人的企业定额或参照本省“计价依据”，并结合工程实际情况，确定各对应定额子目的人工、材料、施工机械台班消耗量。

4）依据投标人自行采集的市场价格或参照省、市工程造价管理机构发布的价格信息，结合工程实际分析确定人工、材料、施工机械台班价格。

5）根据投标人的企业定额或参照本省“计价依据”，并结合工程实际、市场竞争情况，分析确定企业管理费率、利润率。

6）分析确定风险费用。按照工程施工招标文件（包括主要合同条款）约定的风险分担原则，结合自身实际情况，投标人防范、化解、处理应由其承担的，施工过程中可能出现的人工、材料和施工机械台班价格上涨，人员伤亡，质量缺陷，工期拖延等不利事件所需的费用。

### （三）综合单价的计算步骤

#### 1. 计算综合单价中的人工费

综合单价中的人工费＝Σ（清单项目计价工程量×计价定额人工含量×人工单价）÷清单项目工程量

#### 2. 计算综合单价中的材料和工程设备费

综合单价中的材料和工程设备费＝Σ（清单项目计价工程量×计价定额材料和工程设备含量×材料和工程设备单价）÷清单项目工程量

#### 3. 计算综合单价中的机械费

综合单价中的材料费＝Σ（清单项目计价工程量×计价定额机械台班含量×机械台班单价）÷清单项目工程量

注意：清单项目计价工程量是指按清单描述的项目特征，综合施工方案，依据本地区计价定额对应子目的工程量计算规则计算出来的分部分项工程的数量。

### 4. 计算管理费

以（人工费+机械费）为计费基础：

$$管理费=\sum(人工费+机械费)\times管理费费率$$

### 5. 计算利润

以（人工费+机械费）为计费基础：

$$利润=\sum(人工费+机械费)\times利润率$$

### 6. 计算风险费

风险费由建设工程承包人根据招标文件、合同中明确的计价风险内容及其范围，结合工程实际情况确定。一般采取基数乘以一定的风险系数的方法计算。即

$$风险费用=计价基数\times风险系数$$

### 7. 计算综合单价

$$清单项目综合单价=综合单价人工费+综合单价材料和设备费+综合单价机械费+管理费+利润+风险费$$

## （四）综合单价的计算方法

### 1. 直接套用计价定额

当《计算规范》的工程内容、计量单位及工程量计算规则与计价定额一致，且只与计价定额的一个定额项目相对应时，其计算公式如下：

清单项目综合单价=人工单价×计价定额人工消耗量+材料和设备单价×计价定额材料和设备消耗量+机械台班单价×计价定额机械台班消耗量+管理费+利润+风险费

**【例 3-2】** 试计算表 3-4 清单项目的综合单价，条件：人工费上浮 100%，材料和机械台班单价均按《浙江省房屋建筑与装饰工程预算定额》（2018 版）计取，管理费和利润按 10%计取，同时以人工费和机械费为基数考虑 8%的风险费用。（综合单价保留 2 位小数，合计取整）

**表 3-4 分部分项工程量清单**

单位及专业工程名称：　　　　　　　　　　　　　　　　　　第×页，共×页

| 序号 | 项目编码 | 项目名称 | 项目特征 | 计量单位 | 工程数量 | 综合单价 | 合计/元 |
|---|---|---|---|---|---|---|---|
| 1 | 010502001001 | 矩形柱 | C20 现浇泵送商品混凝土矩形柱，周长 1.8m 内，层高 5m | $m^3$ | 100 | | |

**解：**（1）计算综合单价：

套计价定额编号　5-6H。

人工费：$87.615\times(1+100\%)=175.23$（元/$m^3$）

材料费：

$$470.385+(431-461)\times1.01=440.085(元/m^3)$$

机械费：0.419（元/$m^3$）

管理费：（人工费+机械费）×相应费率$=(175.23+0.419)\times10\%=17.565$（元/$m^3$）

利润：同管理费=17.565（元/$m^3$）

风险费用：$(175.23+0.419)\times8\%=14.052$（元/$m^3$）

综合单价：$175.23+440.085+0.419+17.565\times2+14.052=664.92$（元/$m^3$）

（2）清单报价表和综合单价计算表见表3-5和表3-6。

表3-5　分部分项工程量清单报价表

单位及专业工程名称：　　　　　　　　　　　　　　　　　　　　第×页，共×页

| 序号 | 项目编码 | 项目名称 | 项目特征 | 计量单位 | 工程数量 | 综合单价 | 合计/元 |
| --- | --- | --- | --- | --- | --- | --- | --- |
| 1 | 010402001001 | 矩形柱 | C20现浇泵送商品混凝土矩形柱，周长1.8m内，层高5m | $m^3$ | 100 | 664.92 | 66492 |

表3-6　分部分项工程量清单综合单价计算表

单位及专业工程名称：　　　　　　　　　　　　　　　　　　　　第×页，共×页

| 序号 | 编号 | 项目名称 | 单位 | 数量 | 综合单价（元） | | | | | | | 合计/元 |
| --- | --- | --- | --- | --- | --- | --- | --- | --- | --- | --- | --- | --- |
| | | | | | 人工费 | 材料费 | 机械费 | 管理费 | 利润 | 风险 | 小计 | |
| 1 | 010502001001 | 矩形柱，C20泵送商品混凝土矩形柱，周长1.8m内，层高5m | $m^3$ | 100 | 175.23 | 440.085 | 0.419 | 17.565 | 17.565 | 14.052 | 664.92 | 66492 |
| | 5-6H | C20矩形柱 | $m^3$ | 100 | 175.23 | 440.085 | 0.419 | 17.565 | 17.565 | 14.052 | 664.92 | 66492 |

### 2. 套用计价定额，合并计算

当《计算规范》的计量单位及工程量计算规则与计价定额一致，但工程内容不一致，需计价定额的几个定额项目组成时，其计算公式如下：

$$清单项目综合单价=\sum 清单计价组合子目综合单价$$

其中：综合单价人工费＝∑清单计价组合子目分项人工费

$$综合单价材料和设备费=\sum 清单计价组合子目材料和设备费$$

$$综合单价机械费=\sum 清单计价组合子目机械费$$

【例3-3】　计算表3-7清单项目的综合单价，条件：人工费上浮100%，材料和机械台班单价均按《浙江省房屋建筑与装饰工程预算定额》（2018版）计取，管理费和利润按10%计取，同时以人工费和机械费为基数考虑8%的风险费用。（综合单价保留2位小数，合计取整）

表3-7　分部分项工程量清单

单位及专业工程名称：　　　　　　　　　　　　　　　　　　　　第×页，共×页

| 序号 | 项目编码 | 项目名称 | 项目特征 | 计量单位 | 工程数量 | 综合单价 | 合计/元 |
| --- | --- | --- | --- | --- | --- | --- | --- |
| 1 | 011101002001 | 现浇水磨石楼地面 | 20mm厚DSM20砂浆找平层，不带图案玻璃嵌条彩色水磨石楼地面 | $m^2$ | 100 | | |

解：（一）清单综合单价计算：

该清单项目对应水泥砂浆找平层和彩色水磨石两个定额子目，两个定额子目的工程量计算规则和清单一致，故可以直接用清单工程量来套定额计价。

（1）水泥砂浆找平层套用定额编号11-1H。

人工费：8.0321×(1+100%)＝16.064（元/$m^2$）

材料费：9.233（元/$m^2$）

机械费：0.198（元/$m^2$）

管理费：(人工费+机械费)×相应费率=(16.064+0.198)×10%=1.626（元/$m^2$）

利润：同管理费=1.626（元/$m^2$）

风险费用：(16.064+0.198)×8%=1.301（元/$m^2$）

综合单价1=16.064+9.233+0.198+1.626+1.626+1.301=30.048（元/$m^2$）

(2) 彩色水磨石套用定额编号11-29H。

人工费：80.5570×(1+100%)=161.114（元/$m^2$）

材料费：21.091（元/$m^2$）

机械费：6.586（元/$m^2$）

管理费：(人工费+机械费)×相应费率=(161.114+6.586)×10%=16.770（元/$m^2$）

利润：同管理费=16.770（元/$m^2$）

风险费用：(161.114+6.586)×8%=13.416（元/$m^2$）

综合单价2=161.114+21.091+6.586+16.770+16.770+13.416=235.747（元/$m^2$）

(3) 综合单价=30.048+235.747=265.78（元/$m^2$）

(二) 清单报价表和综合单价计算表见表3-8和表3-9。

**表3-8 分部分项工程量清单报价表**

单位及专业工程名称：　　　　　　　　　　　　　　　　　　第×页，共×页

| 序号 | 项目编码 | 项目名称 | 项目特征 | 计量单位 | 工程数量 | 综合单价 | 合计/元 |
|---|---|---|---|---|---|---|---|
| 1 | 011101002001 | 现浇水磨石楼地面 | 20mm厚DSM20砂浆找平层，不带图案玻璃嵌条彩色水磨石楼地面 | $m^2$ | 100 | 265.78 | 26578 |

**表3-9 分部分项工程量清单综合单价计算表**

单位及专业工程名称：　　　　　　　　　　　　　　　　　　第×页，共×页

| 序号 | 编号 | 项目名称 | 单位 | 数量 | 综合单价/元 | | | | | | | 合计/元 |
|---|---|---|---|---|---|---|---|---|---|---|---|---|
| | | | | | 人工费 | 材料费 | 机械费 | 管理费 | 利润 | 风险 | 小计 | |
| 1 | 011101002001 | 现浇水磨石楼地面20mm厚DSM20砂浆找平层，玻璃嵌条彩色水磨石楼地面 | $m^2$ | 100 | 177.168 | 30.324 | 6.784 | 18.395 | 18.395 | 14.716 | 265.78 | 26578 |
| | 11-1H | DSM20砂浆找平层 | $m^2$ | 100 | 16.064 | 9.233 | 0.198 | 1.626 | 1.626 | 1.301 | 30.048 | 3005 |
| | 11-29H | 玻璃嵌条彩色水磨石楼地面 | $m^2$ | 100 | 161.114 | 21.091 | 6.586 | 16.770 | 16.770 | 13.416 | 235.747 | 23573 |

### 3. 重新计算计价工程量

当《计算规范》的工程内容、计量单位及工程量计算规则与计价定额都不一致时，其计算公式如下：

清单项目综合单价=Σ(清单组合子目计价工程量×综合单价)÷清单工程量

其中：

综合单价人工费=Σ(清单组合子目计价工程量×计价定额人工消耗量×人工市场单价)÷清单工程量

综合单价材料和设备费=∑(清单组合子目计价工程量×计价定额材料和设备消耗量×材料和设备市场单价)÷清单工程量

综合单价机械费=∑(清单组合子目计价工程量×计价定额机械消耗量×机械台班市场单价)÷清单工程量

【例3-4】 试计算表3-10清单项目的综合单价，条件：人工费上浮100%，材料和机械台班单价均按《浙江省房屋建筑与装饰工程预算定额》(2018版) 计取，管理费和利润按10%计取，同时以人工费和机械费为基数考虑8%的风险费用。(计算过程保留3位小数，综合单价保留2位小数，合计取整)

表3-10 分部分项工程量清单

单位及专业工程名称：　　　　　　　　　　　　第×页，共×页

| 序号 | 项目编码 | 项目名称 | 项目特征 | 计量单位 | 工程数量 | 综合单价 | 合计/元 |
|---|---|---|---|---|---|---|---|
| 1 | 011106004001 | 水泥砂浆楼梯面 | 20mm厚DSM25干混砂浆楼梯，4mm×6mm防滑铜嵌条 | $m^2$ | 100 | | |

**解：**(一) 综合单价计算：

该清单项目对应干混砂浆楼梯地面和铜嵌条两个定额子目，但其中一个子目铜嵌条的定额工程量是以米作为计量单位的，所以在套用铜嵌条定额时需重新计算工程量。

(1) 干混砂浆楼梯地面套用定额编号11-112H。

人工费：58.79×(1+100%)=117.58 (元/$m^2$)

材料费：16.3482+(460.16-443.08)×0.03252=16.904 (元/$m^2$)

机械费：0.316 (元/$m^2$)

管理费：(人工费+机械费)×相应费率=(117.58+0.316)×10%=11.79 (元/$m^2$)

利润：同管理费=11.79 (元/$m^2$)

风险费用：(117.58+0.316)×8%=9.432 (元/$m^2$)

综合单价1：117.58+16.904+0.316+11.79×2+9.432=167.811 (元/$m^2$)

假设图纸计算得到防滑铜条工程量为150m。

(2) 防滑铜条套定额编号10-86。

由于铜嵌条的定额工程量是以米作为计量单位的，所以在套用铜嵌条定额时需重新计算计价工程量。

人工费：2.8768×(1+100%)=5.754 (元/m)

材料费：20.999 (元/m)

机械费：0 (元/m)

管理费：(人工费+机械费)×相应费率=5.754×10%=0.575 (元/m)

利润：同管理费=0.575 (元/m)

风险费用：5.754×8%=0.46 (元/m)

综合单价2：5.754+20.999+0.575×2+0.46=28.363 (元/m)

(3) 综合单价=(167.811×100+28.363×150)÷100

=210.35 (元/$m^2$)

（二）清单报价表和综合单价计算表见表3-11和表3-12。

表3-11　分部分项工程量清单报价表

单位及专业工程名称：　　　　第×页，共×页

| 序号 | 项目编码 | 项目名称 | 项目特征 | 计量单位 | 工程数量 | 综合单价 | 合计/元 |
|---|---|---|---|---|---|---|---|
| 1 | 011106004001 | 水泥砂浆楼梯面 | 20mm厚DSM25干混砂浆楼梯，4mm×6mm防滑铜嵌条 | $m^2$ | 100 | 210.35 | 21035 |

表3-12　分部分项工程量清单综合单价计算表

单位及专业工程名称：　　　　第×页，共×页

| 序号 | 编号 | 项目名称 | 单位 | 数量 | 综合单价/元 | | | | | | | 合计/元 |
|---|---|---|---|---|---|---|---|---|---|---|---|---|
| | | | | | 人工费 | 材料费 | 机械费 | 管理费 | 利润 | 风险 | 小计 | |
| 1 | 011106004001 | 水泥砂浆楼梯面20mm厚DSM25干混砂浆楼梯，4mm×6mm防滑铜嵌条 | $m^2$ | 100 | 126.211 | 48.403 | 0.316 | 12.653 | 12.653 | 10.122 | 210.35 | 21035 |
| | 11-112H | M25干混砂浆楼梯面 | $m^2$ | 100 | 117.580 | 16.904 | 0.316 | 11.790 | 11.790 | 9.432 | 167.811 | 16781 |
| | 10-86 | 铜嵌条 | m | 150 | 5.754 | 20.999 | 0 | 0.575 | 0.575 | 0.460 | 28.363 | 4254 |

## （五）分部分项工程计价表的编制

分部分项工程量各项计价表（表3-13、表3-14和表3-15）中序号、项目编码、项目名称、计量单位和工程数量应按招标人提供的“分部分项工程量清单”中的相应内容填写。分部分项工程量清单项目合价计算如下：

分部分项工程量清单项目合价 = $\Sigma$（分部分项工程量清单工程量×综合单价）

表3-13　分部分项工程量清单综合单价计算表

单位及专业工程名称：　　　　第×页，共×页

| 序号 | 编号 | 项目名称 | 单位 | 数量 | 综合单价/元 | | | | | | | 合计/元 |
|---|---|---|---|---|---|---|---|---|---|---|---|---|
| | | | | | 人工费 | 材料费 | 机械费 | 管理费 | 利润 | 风险 | 小计 | |
| | | | | | | | | | | | | |
| | | | | | | | | | | | | |
| | | | | | | | | | | | | |

表3-14　分部分项工程量清单与计价表

单位及专业工程名称：　　　　第×页，共×页

| 序号 | 项目编码 | 项目名称 | 项目特征 | 计量单位 | 工程数量 | 综合单价 | 合价 | 其中/元 | | 备注 |
|---|---|---|---|---|---|---|---|---|---|---|
| | | | | | | | | 人工费 | 机械费 | |
| | | | | | | | | | | |
| | | | | | | | | | | |

表 3-15　工程量清单综合单价工料机分析表

单位及专业工程名称：　　　　　　　　　　　　　　　　　　　　　　　第×页，共×页

<table>
<tr><td>项目编码</td><td colspan="2"></td><td>项目名称</td><td></td><td>计量单位</td><td></td></tr>
<tr><td colspan="7">清单综合单价组成明细</td></tr>
<tr><td rowspan="2">序号</td><td colspan="2" rowspan="2">名称及规格</td><td rowspan="2">计量单位</td><td rowspan="2">工程数量</td><td colspan="2">金额/元</td></tr>
<tr><td>单价</td><td>合价</td></tr>
<tr><td rowspan="2">1</td><td>人工</td><td></td><td>工日</td><td></td><td></td><td></td></tr>
<tr><td colspan="5">人工费小计</td><td></td></tr>
<tr><td rowspan="2">2</td><td>材料</td><td></td><td></td><td></td><td></td><td></td></tr>
<tr><td colspan="5">材料费小计</td><td></td></tr>
<tr><td rowspan="2">3</td><td>机械</td><td></td><td></td><td></td><td></td><td></td></tr>
<tr><td colspan="5">机械费小计</td><td></td></tr>
<tr><td>4</td><td colspan="5">直接工程费(1+2+3)</td><td></td></tr>
<tr><td>5</td><td colspan="5">管理费</td><td></td></tr>
<tr><td>6</td><td colspan="5">利润</td><td></td></tr>
<tr><td>7</td><td colspan="5">风险费用</td><td></td></tr>
<tr><td>8</td><td colspan="5">综合单价(4+5+6+7)</td><td></td></tr>
</table>

## 三、措施项目清单计价表的编制

### （一）编制原则

措施项目清单费用是指完成非工程实体的费用。措施项目清单计价表编制原则：措施项目中可以计算工程量的项目，称为单价措施项目，采用分部分项工程量清单的方式编制；列出项目编码、项目名称、项目特征、计量单位和工程量；不可计算工程量的项目，作为总价措施项目。

### （二）编制措施项目清单计价表

1）总价措施项目，以“项”计价，根据《建筑安装工程费用组成》（建标［2003］206号）的规定，计算基础可为“直接费”“人工费”或“人工费+机械费”乘以系数或费率计算。

2）单价措施项目，以综合单价形式计价，编制方法同分部分项工程量清单编制方法。

## 四、其他项目清单计价表的编制

### （一）其他项目费概念

必然发生或可能发生的一些费用，这些费用不能根据发包人提供的图纸在招标投标过程中准确确定，而是在工程中动态确定，由暂列金额、暂估价、计日工和总包服务费组成。

在编制竣工结算书时，对于变更、索赔项目，也应列入其他项目。

### （二）其他项目费计算

#### 1. 暂列金额

暂列金额指暂定并包括在合同价款内，因一些不能预见、不能确定的因素引起的价格调

整而设立。

暂列金额明细表由招标人在招标文件中列出，如不能详列，也可只列暂定金额总额，投标人应将上述暂列金额计入投标总价中。

#### 2. 暂估价

1）材料和工程设备暂估单价表由招标人填写，并在备注栏说明暂估价的材料拟用在哪些清单项目上。材料和工程设备包括原材料、燃料、构配件以及按规定应计入建筑安装工程造价的设备。投标人应将材料暂估单价计入工程量清单综合单价报价中，其他项目清单与计价汇总表不汇总材料暂估单价，只是列项。

2）专业工程暂估价表由招标人填写，按项列支，如塑钢门窗、玻璃幕墙、防水等，价格中包含除规费、税金外的所有费用，投标人应将上述专业工程暂估价计入投标总价中。

#### 3. 计日工

计日工表的项目名称、暂定数量由招标人填写，编制招标控制价时，单价由投标人按有关计价规则确定，投标时，单价由投标人自主报价，按暂定数量计算合价计入投标总价中。

#### 4. 总承包服务费

总承包服务费计价表中项目名称、服务内容均由招标人填写，招标人必须在招标文件中说明总包的范围以减少后期不必要的纠纷。

1）编制招标控制价时，费率及金额由招标人按有关计价规定确定。

2）投标时，费率及金额由投标人自主报价，计入投标总价中。

3）《浙江省建设工程计价规则》（2018 版）中列出的参考计算标准如下：

① 招标人仅要求对分包的专业工程进行总承包管理和协调时，按分包的专业工程金额的 1%～2%计算。

② 招标人要求对分包的专业工程进行总承包管理和协调并同时要求提供垂直运输等配合服务时，根据招标文件中列出的配合服务内容和提出要求按分包的专业工程金额的 2%～4%计算。

③ 招标人自行供应材料的，按招标人供应材料金额的 0.5%～1%计算。

## 五、规费和税金清单

### （一）规费清单

规费是各省建设厅颁发的费用定额中规定的有关行政性收费，是不可竞争性费用。

#### 1. 规费组成

规费由社会保障费和住房公积金两部分组成。

#### 2. 规费的计取

按照国家和建设主管部门发布的规费计取办法、计算公式和规定的费率计取。

计算公式：

$$规费=\sum(取费基数\times规费费率)$$

### （二）税金清单

税金指国家税法规定的应计入建筑安装工程造价的建筑服务增值税。

根据各省市、地区税务部门规定的税率，以不同省市、不同地区的建筑装修工程不含税造价为基数计取。

税金=(分部分项工程费+措施项目费+其他项目费+规费)×综合税率

税金与分部分项工程费、措施项目费及其他项目费不同，属于“转嫁税”，具有法定性和强制性，由工程承包人必须及时足额交纳给工程所在地的税务部门。

【警示厅】

### 讲究规范

2018年6月24日16时35分，上海某建筑劳务有限公司在位于海湾镇碧桂园项目32号楼进行6层屋面混凝土浇筑作业时，发生一起模架坍塌事故，造成1人死亡、2人重伤、7人轻伤，直接经济损失达213余万元。

事故直接原因：部分主梁、次梁梁底未按“梁底每根立杆承担0.24$m^3$混凝土的体积”的原则布置梁底立杆。支模架的构件搭设未按上海市工程建设规范《钢管扣件式模板垂直支撑系统安全技术规程》(DG/T J08—16—2011)的规定执行，水平杆、剪刀撑局部缺失，扫地杆全部未设。

由于以上诸多问题的存在，当混凝土由西向东浇至于⑦~⑧轴间400mm×1300mm的Ⓕ轴时，该梁底扣件失效，梁底立杆失稳，而后梁侧立杆扣件失效，立杆失稳，Ⓕ轴梁段垮塌进而拖动该梁西南已浇区域近210$m^2$的模架坍塌。

**【点评】**

惨痛事故教训告诫我们：做人做事都要讲究规矩，没有规矩，不成方圆。我们作为国家未来建设的管理者，应该成为建设工程领域政策和规范的推广者和执行者，自觉遵守行业规范和职业道德，严格按照工程量计算规范进行工程计量，严格按照规范中各项要求进行工程造价的控制工作。

## 【小结】

本任务主要介绍了清单项目综合单价计算的程序和三种常用计算方法，要学会根据清单项目特征的描述，区分清单计价不同情况使用不同的计算方法。

## 【思考与练习题】

### 计算题

1. 计算表3-16清单项目的综合单价，并编制清单报价表和综合单价计算表，条件：人工费上浮100%，材料和机械台班单价均按《浙江省房屋建筑与装饰工程预算定额》(2018版)计取，管理费和利润按10%计取，不考虑风险费用。(计算过程保留3位小数，结果保留2位小数，合计取整)

表3-16 分部分项工程量清单

| 序号 | 项目编码 | 项目名称 | 项目特征 | 计量单位 | 数量 | 综合单价 | 合价/元 |
| --- | --- | --- | --- | --- | --- | --- | --- |
| 1 | 010506001001 | 直形楼梯 | C20现浇泵送商品混凝土 | $m^2$ | 100 | | |

2. 计算表3-17清单项目的综合单价，并编制清单报价表和综合单价计算表，条件：人工费上浮100%，材料和机械台班单价均按《浙江省房屋建筑与装饰工程预算定额》（2018版）计取，管理费和利润按10%计取，同时以人工费和机械费为基数考虑5%的风险费用。（计算过程保留3位小数，结果保留2位小数，合计取整）

表3-17 分部分项工程量清单

| 序号 | 项目编码 | 项目名称 | 项目特征 | 计量单位 | 数量 | 综合单价 | 合价/元 |
|---|---|---|---|---|---|---|---|
| 1 | 011104002001 | 实木地板 | 20mm厚木工板基层，实木拼花地板（100元/$m^2$）地板漆三遍 | $m^2$ | 100 | | |

3. 计算表3-18清单项目的综合单价，并编制清单报价表和综合单价计算表，工程采用人工场地平整和人力车运土，人工、材料和机械台班单价均按《浙江省房屋建筑与装饰工程预算定额》（2018版）计取，管理费取20%，利润取5%。假设单价采用《浙江省建筑工程预算定额》（2010版）的价格，对以下清单进行报价。（计算过程保留3位小数，结果保留2位小数，合计取整。）

提示：该清单项目对应两个定额子目：①1-75平整场地（计价工程量196$m^2$），②1-12和1-13人力车运土（计价工程量7.5$m^3$）。

表3-18 分部分项工程量清单

| 序号 | 项目编码 | 项目名称 | 项目特征 | 计量单位 | 数量 | 综合单价 | 合价/元 |
|---|---|---|---|---|---|---|---|
| 1 | 010101001001 | 平整场地 | 三类土，弃土7.5$m^3$，人力车运土，运距150m | $m^2$ | 100 | | |

项目4

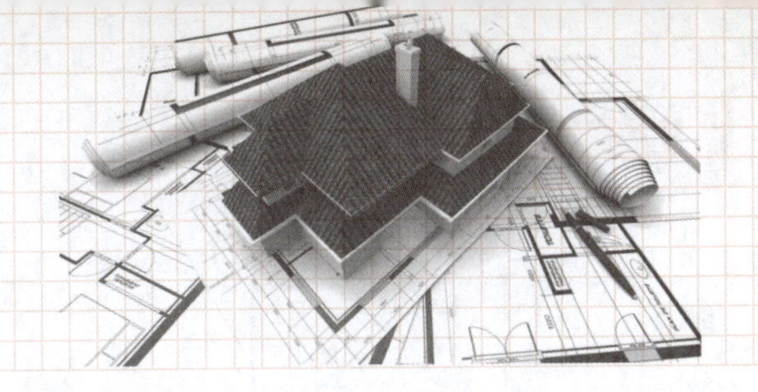

# 建筑面积

## 任务1　建筑面积计算规范概述

《建筑工程建筑面积计算规范》（GB/T 50353—2013）由中华人民共和国住房和城乡建设部和国家质量监督检验检疫总局于2013年12月19日联合发布，2014年7月1日正式实施。该规范适用于新建、扩建、改建的工业与民用建筑工程全过程的建筑面积计算，解决了由于建筑技术发展产生的面积计算问题，是工业与民用建筑工程建设全过程统一的计算方法。规范的主要内容包括总则、术语和计算建筑面积的规定。

该规范中总共有30个术语，正确掌握这些术语的含义，是理解建筑面积计算规定的前提，有助于正确计算建筑工程的建筑面积。

建筑面积的术语

### 一、术语

1）建筑面积：建筑物（包括墙体）所形成的楼地面面积。

2）自然层：按楼地面结构分层的楼层。

3）结构层高：楼面或地面结构层上表面至上部结构层上表面之间的垂直距离。

4）围护结构：围合建筑空间的墙体、门、窗。

5）建筑空间：以建筑界面限定的、供人们生活和活动的场所。

6）结构净高：楼面或地面结构层上表面至上部结构层下表面之间的垂直距离。

7）围护设施：为保障安全而设置的栏杆、栏板等围挡。

8）地下室：室内地平面低于室外地平面的高度超过室内净高的1/2的房间，如图4-1所示

9）半地下室：室内地平面低于室外地平面的高度超过室内净高的1/3，且不超过1/2的房间，如图4-2所示。

10）架空层：仅有结构支撑而无外围护结构的开敞空间层，如图4-3所示。

11）走廊：建筑物中的水平交通空间。

12）架空走廊：专门设置在建筑物的二层或二层以上，作为不同建筑物之间水平交通的空间，如图4-4所示。

13）结构层：整体结构体系中承重的楼板层。

14）落地橱窗：突出外墙面且根基落地的橱窗。

15）凸窗（飘窗）：凸出建筑物外墙面的窗户，如图4-5所示。

16）檐廊：建筑物挑檐下的水平交通空间，如图4-6所示。

17）挑廊：挑出建筑物外墙的水平交通空间，如图4-7所示。

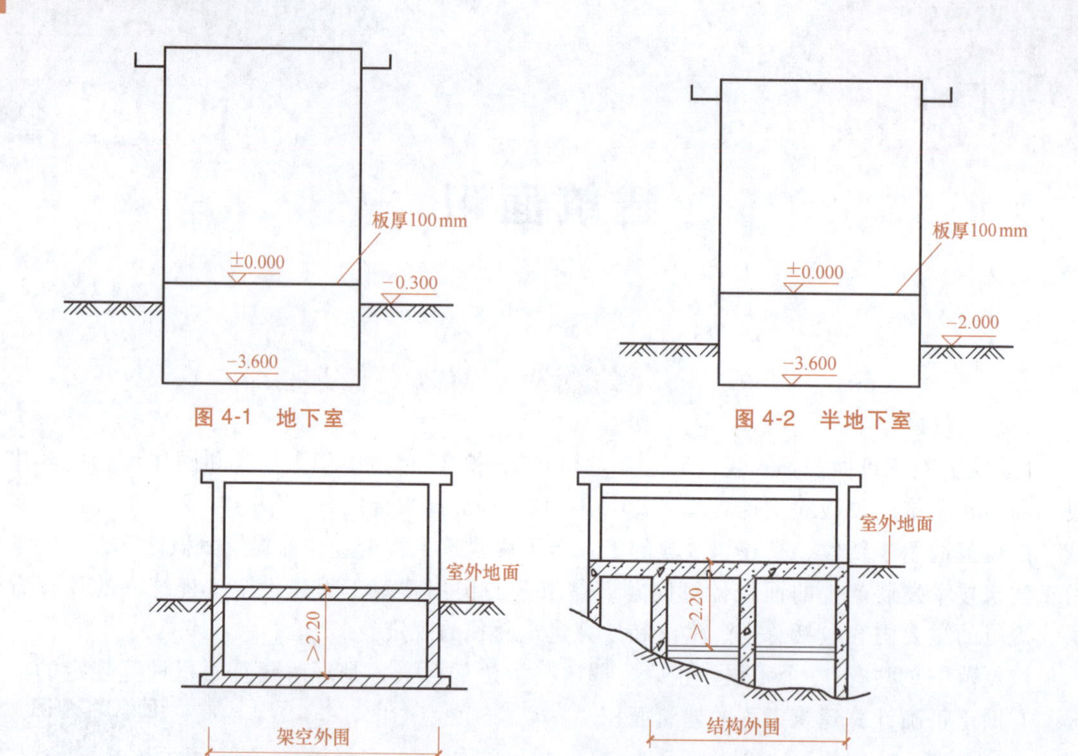


图 4-1 地下室

图 4-2 半地下室

图 4-3 架空层

图 4-4 架空走廊

图 4-5 飘窗

图 4-6 檐廊

图 4-7 挑廊

18）门斗：建筑物入口处两道门之间的空间，如图 4-8 所示。

19）雨篷：建筑出入口上方为遮挡雨水而设置的部件，如图 4-9 所示。

图 4-8　门斗

图 4-9　雨篷

20）门廊：建筑物入口前有顶棚的半围合空间。

21）楼梯：由连续行走的梯级、休息平台和维护安全的栏杆（或栏板）、扶手以及相应的支托结构组成的作为楼层之间垂直交通使用的建筑部件。

22）阳台：附设于建筑物外墙，设有栏杆或栏板，可供人活动的室外空间。

23）主体结构：接受、承担和传递建设工程所有上部荷载，维持上部结构整体性、稳定性和安全性的有机联系的构造。

24）变形缝：防止建筑物在某些因素作用下引起开裂甚至破坏而预留的构造缝，如图 4-10 所示。

25）骑楼：建筑底层沿街面后退且留出公共人行空间的建筑物，如图 4-11 所示。

图 4-10　变形缝

图 4-11　骑楼

26）过街楼：跨越道路上空并与两边建筑相连接的建筑物，如图 4-12 所示。

27）建筑物通道：为穿过建筑物而设置的空间。

28）露台：设置在屋面、首层地面或雨篷上的供人室外活动的有围护设施的平台。

29）勒脚：在房屋外墙接近地面部位设置的饰面保护构造，如图 4-13 所示。

30）台阶：联系室内外地坪或同楼层不同标高而设置的阶梯型踏步。

图 4-12 过街楼

图 4-13 勒脚

## 二、建筑面积指标

1）使用面积：建筑物各层平面中可直接为生产或生活使用的净面积总和，如在民用建筑中的居室净面积。

2）辅助面积：建筑物各层平面中辅助生产或生活使用的净面积总和。

3）结构面积：建筑物各层平面布置中的墙体、柱等结构所占有的面积总和。

4）有效面积：使用面积与辅助面积之和。

## 【小结】

本任务主要介绍了建筑物建筑面积计算的相关术语的定义以及建筑面积指标的定义及计算。

## 【思考与练习题】

### 一、单项选择题

1. 某公寓 2 楼板面高 6m，3 楼板面高 8.8m，3 楼板厚 100mm，该公寓 2 层的层高为（　　）。

A. 2.7m　　B. 2.8m　　C. 2.9m　　D. 3.0m

2. 以下属于围护结构的有（　　）。

A. 栏板　　B. 栏杆　　C. 墙　　D. 门窗

### 二、多项选择题

1. 建筑物的有效面积是指（　　）。

A. 使用面积　　B. 辅助面积　　C. 结构面积　　D. 建筑面积

2. 以下属于结构面积的是（　　）。

A. 柱　　　　B. 墙体　　　　C. 楼梯　　　　D. 走道

### 三、简答题

1. 简述建筑物入口处雨篷、门廊和门斗的异同点。
2. 简述围护结构和围护设施的不同点。
3. 简述结构层高和结构净高的关系。
4. 比较飘窗和普通窗的异同点。

### 四、判断题

1. 标准层楼面的结构层高等于结构净高加楼板厚度。（　　）
2. 建筑面积包括使用面积、辅助面积和结构面积。（　　）

### 五、填空题

某工程室内地坪标高是 0.00m，室外地坪标高为-0.3m，一层楼面标高为 3.0m，板厚 0.1m，则该工程第一层的结构层高是（　　）m，结构净高为（　　）m。

## 任务 2　建筑面积的计算

建筑面积计算规则（第 1~10 条）

### 一、建筑面积计算规范

1）建筑物的建筑面积应按自然层外墙结构外围水平面积之和计算。结构层高在 2.20m 及以上的，应计算全面积；结构层高在 2.20m 以下的，应计算 1/2 面积。

2）建筑物内设有局部楼层时，对于局部楼层的二层及以上楼层，有围护结构的应按其围护结构外围水平面积计算，无围护结构的应按其结构底板水平面积计算。结构层高在 2.20m 及以上的，应计算全面积；结构层高在 2.20m 以下的，应计算 1/2 面积。

3）形成建筑空间的坡屋顶，结构净高在 2.10m 及以上的部位应计算全面积；结构净高在 1.20m 及以上至 2.10m 以下的部位应计算 1/2 面积；结构净高在 1.20m 以下的部位不应计算建筑面积。

4）场馆看台下的建筑空间，结构净高在 2.10m 及以上的部位应计算全面积；结构净高在 1.20m 及以上至 2.10m 以下的部位应计算 1/2 面积；结构净高在 1.20m 以下的部位不应计算建筑面积。室内单独设置的有围护设施的悬挑看台，应按看台结构底板水平投影面积计算建筑面积。有顶盖无围护结构的场馆看台应按其顶盖水平投影面积的 1/2 计算面积。

5）地下室、半地下室应按其结构外围水平面积计算。结构层高在 2.20m 及以上的，应计算全面积；结构层高在 2.20m 以下的，应计算 1/2 面积。

6）出入口外墙外侧坡道有顶盖的部位，应按其外墙结构外围水平面积的 1/2 计算面积。

【例 4-1】 计算图 4-14 所示地下室及其出入口面积。

解：（1）地下室 $S=(5.1\times2+2.1+0.12\times2)\times(5\times2+0.12\times2)=128.41$（$m^2$）

（2）出入口 $S=[6\times2+0.68\times(2.1+0.12\times2)]\times0.5=6.80$（$m^2$）

7）建筑物架空层及坡地建筑物吊脚架空层，应按其顶板水平投影计算建筑面积。结构

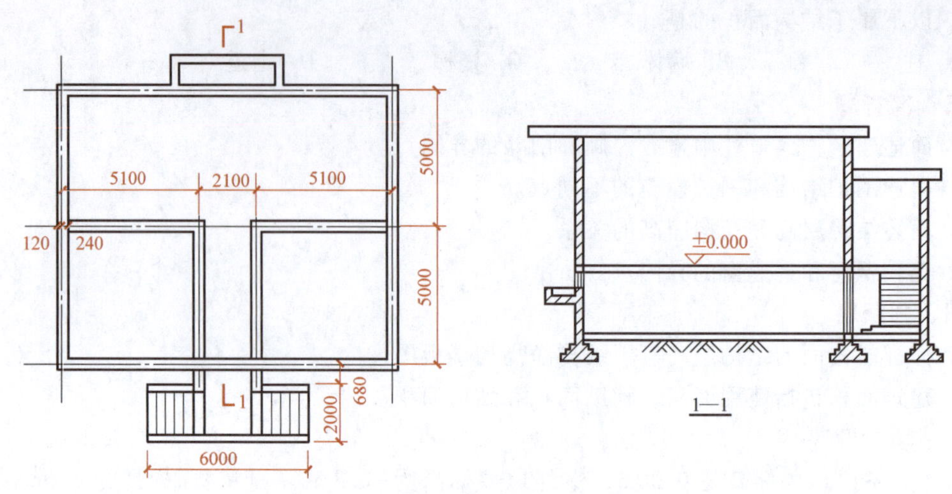


图 4-14　某建筑物地下室及其出入口示意图

层高在 2.20m 及以上的，应计算全面积；结构层高在 2.20m 以下的，应计算 1/2 面积。

8）建筑物的门厅、大厅按一层计算建筑面积。门厅、大厅内设置的走廊应按其结构底板水平投影面积计算建筑面积。结构层高在 2.20m 及以上的，应计算全面积；结构层高在 2.20m 以下的，应计算 1/2 面积。

9）建筑物间的架空走廊，有顶盖和围护结构的，应按其围护结构外围水平面积计算全面积；无围护结构、有围护设施的，应按其结构底板水平投影面积计算 1/2 面积。

10）立体书库、立体仓库、立体车库，有围护结构的，应按其围护结构外围水平面积计算建筑面积；无围护结构、有围护设施的，应按其结构底板水平投影面积计算建筑面积。无结构层的应按一层计算，有结构层的应按其结构层面积分别计算。结构层高在 2.20m 及以上的，应计算全面积；结构层高在 2.20m 以下的，应计算 1/2 面积。

建筑面积计算规则（第 11~26 条）

11）有围护结构的舞台灯光控制室，应按其围护结构外围水平面积计算。结构层高在 2.20m 及以上的，应计算全面积；结构层高在 2.20m 以下的，应计算 1/2 面积。

12）附属在建筑物外墙的落地橱窗，应按其围护结构外围水平面积计算。结构层高在 2.20m 及以上的，应计算全面积；结构层高在 2.20m 以下的，应计算 1/2 面积。

13）窗台与室内楼地面高差在 0.45m 以下且结构净高在 2.1m 及以上的凸（飘）窗，应按其围护结构外围水平面积计算 1/2 面积。

14）有围护设施的室外走廊（挑廊），应按其结构底板水平投影面积计算 1/2 面积；有围护设施（或柱）的檐廊，应按其围护设施（或柱）外围水平面积计算 1/2 面积。

15）门斗应按其围护结构外围水平面积计算建筑面积。结构层高在 2.20m 及以上的，应计算全面积；结构层高在 2.20m 以下的，应计算 1/2 面积。

16）门廊应按其顶板水平投影面积的 1/2 计算建筑面积；有柱雨篷应按其结构板水平投影面积的 1/2 计算建筑面积；无柱雨篷的结构外边线至外墙结构外边线的宽度在 2.10m 及以上的，应按雨篷结构板的水平投影面积的 1/2 计算建筑面积。

17）设在建筑物顶部的、有围护结构的楼梯间、水箱间、电梯机房等，结构层高在

2.20m 及以上的，应计算全面积；结构层高在 2.20m 以下的，应计算 1/2 面积。

18）围护结构不垂直于水平面的楼层，应按其底板面的外墙外围水平面积计算。结构净高在 2.10m 及以上的部位，应计算全面积；结构净高在 1.20m 及以上至 2.10m 以下的部位，应计算 1/2 面积；结构净高在 1.20m 以下的部位，不应计算建筑面积。

19）建筑物的室内楼梯、电梯井、提物井、管道井、通风排气竖井、烟道，应并入建筑物的自然层计算建筑面积。有顶盖的采光井应按一层计算建筑面积，结构净高在 2.10m 及以上的，应计算全面积；结构净高在 2.10m 以下的，应计算 1/2 面积。

20）室外楼梯应并入所依附建筑物自然层，并应按其水平投影面积的 1/2 计算建筑面积。

21）在主体结构内的阳台，应按其结构外围水平面积计算全面积；在主体结构外的阳台，应按其结构底板水平投影面积计算 1/2 面积。

22）有顶盖无围护结构的车棚、货棚、站台、加油站、收费站等，应按其顶盖水平投影面积的 1/2 计算建筑面积。

23）以幕墙作为围护结构的建筑物，应按幕墙外边线计算建筑面积。

24）建筑物的外墙外保温层，应按其保温材料的水平截面面积计算，并计入自然层建筑面积。

25）与室内相通的变形缝，应按其自然层合并在建筑物建筑面积内计算。对于高低联跨的建筑物，当高低跨内部连通时，其变形缝应计算在低跨面积内。

26）对于建筑物内的设备层、管道层、避难层等有结构层的楼层，结构层高在 2.20m 及以上的，应计算全面积；结构层高在 2.20m 以下的，应计算 1/2 面积。

27）下列项目不应计算建筑面积：

不计算建筑面积的范围

① 与建筑物内不相连通的建筑部件。

② 骑楼、过街楼底层的开放公共空间和建筑物通道。

③ 舞台及后台悬挂幕布和布景的天桥、挑台等。

④ 露台、露天游泳池、花架、屋顶的水箱及装饰性结构构件。

⑤ 建筑物内的操作平台、上料平台、安装箱和罐体的平台。

⑥ 勒脚、附墙柱、垛、台阶、墙面抹灰、装饰面、镶贴块料面层、装饰性幕墙，主体结构外的空调室外机搁板（箱）、构件、配件，挑出宽度在 2.10m 以下的无柱雨篷和顶盖高度达到或超过两个楼层的无柱雨篷。

⑦ 窗台与室内地面高差在 0.45m 以下且结构净高在 2.10m 以下的凸（飘）窗，窗台与室内地面高差在 0.45m 及以上的凸（飘）窗。

⑧ 室外爬梯、室外专用消防钢楼梯。

⑨ 无围护结构的观光电梯。

⑩ 建筑物以外的地下人防通道，独立的烟囱、烟道、地沟、油（水）罐、气柜、水塔、贮油（水）池、贮仓、栈桥等构筑物。

## 二、建筑面积计算实例

【例 4-2】 某单层建筑物外墙轴线尺寸如图 4-15 所示，层高为 3m，墙厚均为 240mm，轴线居墙中，试计算建筑面积。(计算结果保留 2 位小数)

**解：**

$S=S_1-S_2-S_3-S_4$

$=20.34\times9.24-3\times3-13.5\times1.5-2.76\times1.5$

$=154.552\ (m^2)$

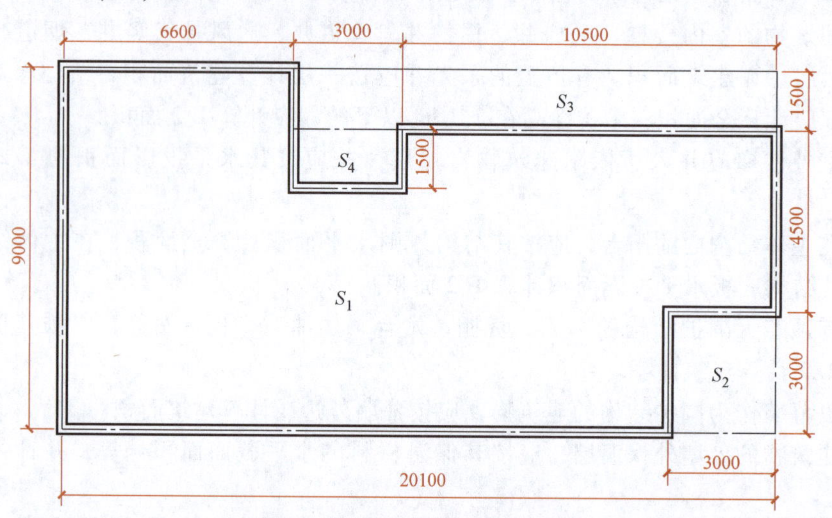


图 4-15　某单层建筑物平面图

**【例 4-3】**　某五层建筑物的各层建筑面积一样，层高均为 2.8m，底层外墙尺寸如图 4-16 所示，墙厚为 240mm，轴线居中，试计算建筑面积。（计算结果保留 2 位小数）

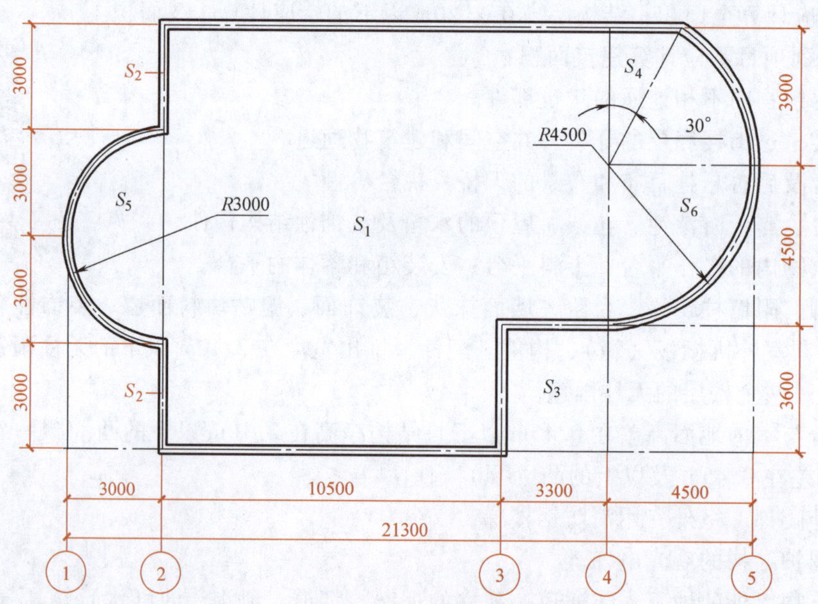


图 4-16　某建筑物标准层平面图

**解：**用面积分割法进行计算：

（1）②、④轴线间矩形面积：$S_1=13.8\times12.24=168.912\ (m^2)$

（2）②轴左侧半堵墙面积 $S_2=3\times0.12\times2=0.72\ (m^2)$

（3）③、④轴线间右下扣除面积 $S_3=3.6\times3.18=11.448\ (m^2)$

（4）三角形 $S_4=0.5\times4.02\times2.31=4.643$（$m^2$）

（5）半圆 $S_5=3.14\times3.12^2\times0.5=15.283$（$m^2$）

（6）扇形 $S_6=3.14\times4.62^2\times150/360=27.926$（$m^2$）

总建筑面积：$S=(S_1+S_2-S_3+S_4+S_5+S_6)\times5=(168.912+0.72-11.448+4.643+15.283+27.926)=1030.18$（$m^2$）

【职业先锋】

## 桥头堡背后的故事

南京长江大桥的桥头堡，位于正桥与引桥衔接处，采用大堡和小堡复堡形式。大堡是两座高约 70m 塔楼，共 10 层，底层与大厅相连，内部有电梯通向铁路、公路桥和瞭望平台。桥头堡通体采用米黄色水磨石，局部点缀灰色斩假石工艺线条。最醒目也最有特色的是桥头堡顶部——三面飘扬的红旗雕塑。它是第一批中国 20 世纪优秀建筑遗产，桥头堡建设的背后，更有许多鲜为人知的小故事。

由于当年要确保南京长江大桥 1968 年正式通车，桥头堡从濒临放弃到确定继续实施，设计和施工时间都格外紧张。整个桥头堡的建设过程，几乎就一直处于冲刺状态。我国工程院院士钟训正先生是南京长江大桥桥头堡的设计者，也是建设负责人，面对这样的建设压力，钟先生从没有放松要求，不放过每一个细节。据参加过这个过程的单踊教授回忆，当年钟先生带去参加建设的学生，发现桥头堡上红旗的架子歪了十几公分，第一时间就汇报给了钟先生。因为时间迫在眉睫，工人们都觉得对于十层楼高的桥头堡，这十几公分误差根本看不出来，可以忽略不计，就不想调整，但钟先生坚持要求矫正，克服多重困难，最终矫正了错误。

图 4-17　南京长江大桥桥头堡

**【点评】**

这虽然是桥头堡建设过程中的一件小事，却充分体现了钟训正先生严谨务实的工匠精神。真诚是玻璃，严谨是钻石，只有严谨务实，我们才能不断进步，这是我们成长道路上不能丢弃的秘诀。作为一名造价人，在计算建筑面积过程中要坚持严谨务实的态度，始终保持拥有精益求精的工匠精神，恪守执着、专注的行业职责。

## 【小结】

本任务主要介绍了建筑物建筑面积的计算范围和规定以及建筑面积指标的定义及计算。重点是能运用《建筑工程建筑面积计算规范》（GB/T 50353—2013）的计算规范计算建筑物的建筑面积。

## 【思考与练习题】

### 一、单项选择题

1. 无柱雨篷结构的外边线与1砖（砖规格240mm×115mm×53mm）外墙结构中心线的宽度为2.2m，计算其建筑面积应（　　）。

A. 不计算　　B. 按雨篷结构板的水平投影面积计算

C. 按雨篷的外围面积计算　　D. 按雨篷结构板的水平投影面积的1/2计算

2. 某二层矩形砖混结构建筑，长为20m，宽为10m（均为轴线尺寸），抹灰厚25mm，内外墙均为一砖厚，室外台阶水平投影面积$4m^2$，则该建筑物的建筑面积为（　　）$m^2$。

A. 207.26　　B. 414.52　　C. 208.02　　D. 416.04

3. 建筑面积计算规范中，对设计加以利用的坡屋顶内空间的高度规定是按（　　）划分的。

A. 层高　　B. 净高　　C. 平均高度　　D. 檐高

4. 下列项目可计算建筑面积是（　　）。

A. 地下室的出入口　　B. 室外台阶

C. 建筑物内的操作平台　　D. 穿过建筑物的通道

5. 以下对单层建筑物内设有局部楼层者的建筑面积计算描述正确的是（　　）。

A. 局部楼层的二层及以上楼层，有围护结构的应按其围护结构外围水平面积计算

B. 局部楼层的二层及以上楼层，无围护结构的应按其结构顶板水平面积计算

C. 局部楼层的二层及以上楼层，净高在2.20m及以上者应计算全面积

D. 局部楼层的二层及以上楼层，净高不足2.20m者应计算1/2面积

### 二、多项选择题

1. 不计算建筑面积的项目有（　　）。

A. 建筑物内的操作平台　　B. 突出外墙面的墙垛　　C. 墙面抹灰

D. 块料面层　　E. 墙面保温

2. 按其水平投影面积1/2计算建筑面积的有（　　）。

A. 有永久性顶盖的室外楼梯　　B. 过街骑楼　　C. 主体结构外的阳台

D. 立体车库　　E. 室外台阶

3. 有永久性顶盖无围护结构的（　　）应按其顶盖水平投影面积的1/2计算。

A. 车棚　　B. 站台　　C. 加油站

D. 收费站　　E. 室外台阶

4. 门厅、大厅内设有回廊时（　　）。

A. 应按其结构底板水平面积计算建筑面积

B. 层高在2.20m及以上者计算全面积

C. 层高不足2.20m者应计算1/2面积

D. 层高不足1.20m者不计算建筑面积

E. 净高不足2.20m者不计算建筑面积

## 三、判断题

1. 层高不足2.10m的多层建筑物应计算1/2面积。（　　）

2. 屋顶花园不计算面积。（　　）

3. 有永久性顶盖的室外楼梯（建筑物无室内楼梯），其建筑面积按建筑物自然层的水平投影面积的计算。（　　）

4. 无柱的雨篷不计算建筑面积。（　　）

## 四、计算题

1. 某综合大楼，地面以上共12层，有一层地下室，层高4.5m，并把深基础加以利用做地下架空层，架空层层高2.8m；第三层为设备管道层，层高为2.1m；底层勒脚以上外围水平投影面积为600m$^2$，2~12层外围水平投影面积均为600m$^2$；大楼入口处有一台阶，水平投影面积为10m$^2$，上面设有矩形无柱雨篷，外边线至外墙结构外边线的宽度为4m，其长度为6m；屋面上部设有楼梯间及电梯机房，层高为2.5m，其围护结构面积为40m$^2$；底层设有中央大厅，跨二层楼高，大厅面积为200m$^2$；地下室上口外墙外围水平面积为600m$^2$，如加上防潮层及保护墙，则外围水平面积为620m$^2$，地下架空层外围水平面积为600m$^2$；室外设有自行车棚，其顶盖水平投影面积为100m$^2$。计算该大楼的建筑面积。

2. 某二层别墅，墙厚240mm，层高3.6m，二层有未封闭的阳台，一层、二层平面图如图4-18所示，计算其建筑面积（计算结果保留两位小数）。

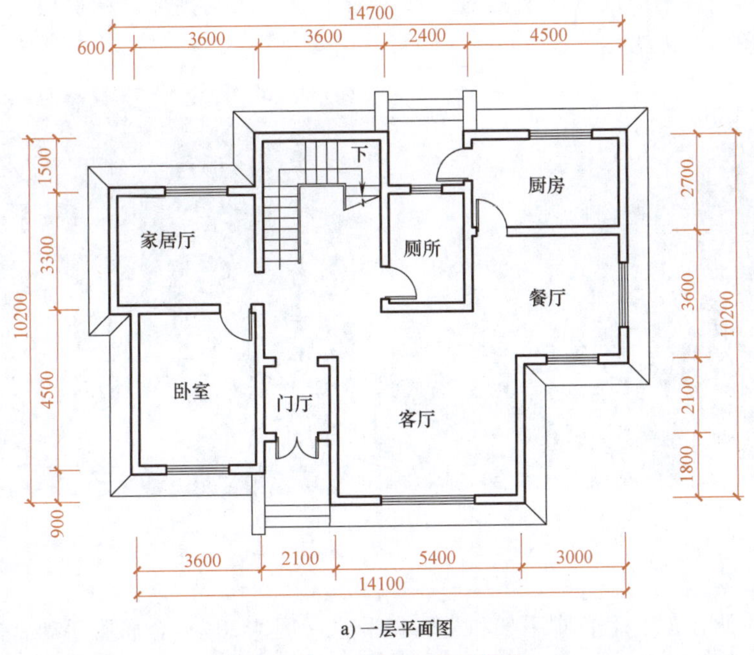


a) 一层平面图

图4-18　一层、二层平面图

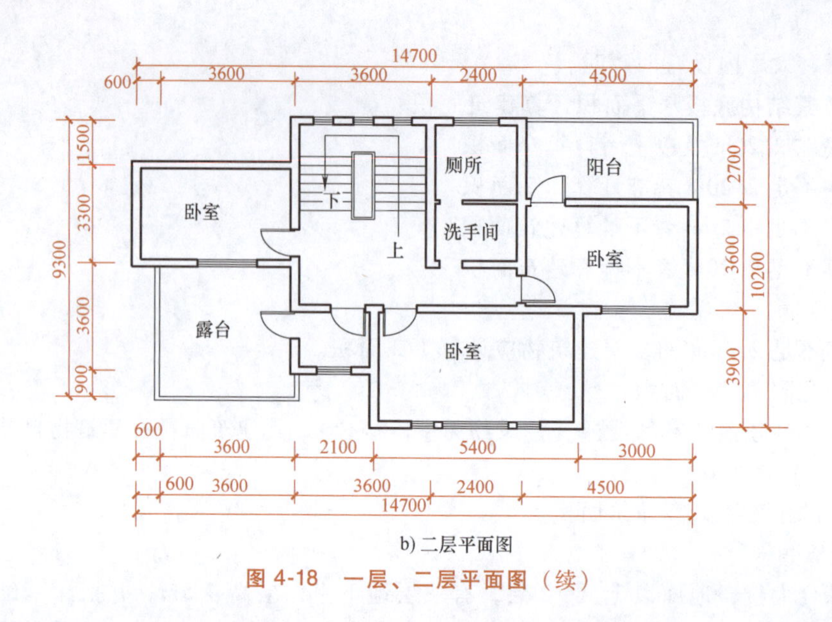


b) 二层平面图

图 4-18 一层、二层平面图（续）

# 任务3 建筑面积计算的应用

## 一、脚手架工程费的计算

### （一）基础知识

脚手架是专为高空施工操作、堆放和运送材料，并保证施工安全而设置的架设工具或操作平台，包括脚手架的搭设与拆除，安全网铺设，铺、拆、翻脚手片等全部内容。当建筑物超过规范允许搭设脚手高度（不宜超过 50m）时，应采用钢挑架，钢挑架上下间距通常不超过 18m，如图 4-19 所示。

图 4-19 脚手架工程

脚手架有木脚手架、毛竹脚手架和金属脚手架（图 4-20），金属脚手架常见有钢管脚手架、碗扣式脚手架和移动脚手架。

### （二）定额使用说明

图 4-20 金属脚手架

脚手架工程在《浙江省房屋与装饰工程预算定额》（2018 版）下册的第 18 章，内容由综合脚手架、单项脚手架和烟囱水塔脚手架三部分构成。

#### 1. 共性规定

1）定额适用于房屋工程、构筑物及附属工程，包括脚手架搭、拆、运输及脚手架材料摊销。

2）定额包括单位工程在合理工期内完成定额规定工作内容所需的施工脚手架，定额按常规方案及方式综合考虑编制，如果实际搭设方案或方式不同时，除另有规定或特殊要求外，均按定额执行。

3）定额脚手架材料按钢管式脚手架编制，不同搭设材料均按定额执行。

4）综合脚手架定额根据相应结构类型以不同檐高划分，遇下列情况时分别计价：同一建筑物檐高不同时，应根据不同高度的垂直分界面分别计算建筑面积，套用相应定额；同一建筑物结构类型不同时，应分别计算建筑面积套用相应定额，上下层结构类型不同的应根据水平分界面分别计算建筑面积，套用同一檐高的相应定额。

#### 2. 综合脚手架

脚手架工程费用
（综合脚手架）

1）综合脚手架定额适用于房屋工程及其地下室，不适用于房屋加层、构筑物及附属工程脚手架，以上可套用单项脚手架相应定额。

2）综合脚手架定额除另有说明外层高以 6m 以内为准，层高超过 6m，另按每增加 1m 以内定额计算；檐高 30m 以上的房屋，层高超过 6m 时，按檐高 30m 以内每增加 1m 定额执行。

3）综合脚手架定额已综合内、外墙砌筑脚手架，外墙饰面脚手架，斜道和上料平台，高度在 3.6m 以内的内墙及天棚装饰脚手架、基础深度（自设计室外地坪起）2m 以内的脚手架。地下室脚手架定额已综合了基础脚手架。

4）综合脚手架定额未包括下列施工脚手架，发生时按单项脚手架规定另列项目计算：

① 高度在 3.6m 以上的内墙和天棚饰面或吊顶安装脚手架。

② 建筑物屋顶上或楼层外围的混凝土构架高度在 3.6m 以上的装饰脚手架。

③ 深度超过 2m（自交付施工场地标高或设计室外地面标高起）的无地下室基础采用非泵送混凝土时的脚手架。

④ 电梯安装井道脚手架。

⑤ 人行过道防护脚手架。

⑥ 网架安装脚手架。

5）装配整体式混凝土结构执行混凝土结构综合脚手架定额。当装配式混凝土结构预制率（以下简称预制率）<30%时，按相应混凝土结构综合脚手架定额执行；当 30%≤预制率<40%时，按相应混凝土结构综合脚手架定额乘以系数 0.95 执行；当 40%≤预制率<50%时，按相应混凝土结构综合脚手架定额乘以系数 0.9 执行；当预制率≥50%时，按相应混凝土结

构综合脚手架定额乘以系数 0.85 执行。装配式结构预制率计算标准根据浙江省现行规定。

6）厂（库）房钢结构综合脚手架定额：单层按檐高 7m 以内编制，多层按檐高 20m 以内编制；若檐高超过编制标准，应按相应每增加 1m 定额计算，层高不同不做调整。单层厂（库）房檐高超过 16m，多层厂（库）房檐高超过 30m 时，应根据施工方案计算。厂（库）房钢结构综合脚手架定额按外墙为装配式钢结构墙面板考虑，实际采用砖砌围护体系并需要搭设外墙脚手架时，综合脚手架按相应定额乘以系数 1.80 执行。厂（库）房钢结构脚手架按综合定额计算的不再另行计算单项脚手架。

7）住宅钢结构综合脚手架定额适用于结构体系为钢结构、钢-混凝土混合结构的工程，层高以 6m 以内为准，层高超过 6m，另按混凝土结构每增加 1m 以内定额计算。

8）大卖场、物流中心等钢结构工程的综合脚手架可按厂（库）房钢结构相应定额执行；高层商务楼、商住楼、医院、教学楼等钢结构工程综合脚手架可按住宅钢结构相应定额执行。

9）装配式木结构的脚手架按相应混凝土结构定额乘以系数 0.85 计算。

10）砖混结构执行混凝土结构定额。

### 3. 单项脚手架

脚手架工程费用（单项脚手架）

1）适用综合脚手架时，以及综合脚手架有说明可另行计算的情形，执行单项脚手架。

2）外墙脚手架定额未包括斜道和上料平台，发生时另列项目计算。外墙外侧饰面应利用外墙脚手架，如不能利用须另行搭设时，按外墙脚手架定额，人工乘以系数 0.80 计算，材料乘以系数 0.30 计算；如仅勾缝、刷浆、腻子或油漆时，人工乘以系数 0.40 计算，材料乘以系数 0.10 计算。

3）砖墙厚度在一砖半以上，石墙厚度在 40cm 以上，应计算双面脚手架，外侧套用外墙脚手架定额，内侧套用内墙脚手架定额。

4）砌筑围墙高度在 2m 以上者，脚手架套用内墙脚手架定额，如另一面需装饰时，脚手架另套用内墙脚手架定额并对人工乘以系数 0.80 计算，材料乘以系数 0.30 计算。

5）砖（石）挡墙的砌筑脚手架发生时按不同高度分别套用内墙脚手架定额。

6）整体式附着升降脚手架定额适用于高层建筑的施工。

7）吊篮定额适用于外立面装饰用脚手架。吊篮安装、拆除以“套”为单位计算，使用以“套·天”计算，挪移费按吊篮安拆定额扣除载重汽车台班后乘以系数 0.70 计算。

8）深度超过 2m（自交付施工场地标高或设计室外地面标高起）的无地下室基础采用非泵送混凝土时，应计算混凝土运输脚手架，按满堂脚手架基本层定额乘以系数 0.60 计算；深度超过 3.6m 时，另按增加层定额乘以系数 0.60 计算。

9）高度在 3.6m 以上的墙、柱饰面或相应油漆涂料脚手架，如不能利用满堂脚手架，须另行搭设时，按内墙脚手架定额，人工乘以系数 0.60 计算，材料乘以系数 0.30 计算；如仅勾缝、刷浆时，人工乘以系数 0.40 计算，材料乘以系数 0.10 计算。

10）高度超过 3.6m 至 5.2m 以内的天棚饰面或相应油漆涂料脚手架，按满堂脚手架基本层计算。高度超过 5.2m 另按增加层定额计算；如仅勾缝、刷浆时，按满堂脚手架定额，人工乘以系数 0.40 计算，材料乘以系数 0.10 计算。满堂脚手架在同一操作地点进行多种操作时（不另行搭设），只可计算一次脚手架费用。

【例 4-4】 试计算层高为 6m 的天棚刷浆脚手架的定额人工费、材料费和机械费。

解：层高 6m>3.6m 且>5.2m，套用定额：18-47H+48H，单位：100m$^2$。

换算计算：

（1）人工费＝805.95×0.4+159.30×0.4＝386.1（元）

（2）材料费＝147.07×0.1+30.95×0.1＝17.802（元）

（3）机械费＝34.34+7.75＝42.09（元）

11）电梯井高度按井坑底面至井道顶板底的净空高度再减去 1.5m 计算。

12）砖柱脚手架适用于高度大于 2m 的独立砖柱；房上烟囱高度超出屋面 2m 者，套用砖柱脚手架定额。

13）防护脚手架定额按双层考虑，基本使用期为 6 个月，不足或超过 6 个月按相应定额调整，不足 1 个月按 1 个月计。

14）构筑物钢筋混凝土贮仓（非滑模的）、漏斗、风道、支架、通廊、水（油）池等，构筑物高度（自构筑物基础顶面起算）在 2m 以上者，每 10m$^3$ 混凝土（不论有无饰面）的脚手架费按 210 元（其中人工费 1.2 工日）计算。

15）钢筋混凝土倒锥形水塔的脚手架，按水塔脚手架的相应定额乘以系数 1.30 计算。

16）构筑物及其他施工作业需要搭设脚手架的参照单项脚手架定额计算。

17）专业发包的内、外装饰工程如不能利用总包单位的脚手架时，应根据施工方案，按相应单项脚手架定额计算。

18）钢网架结构高空散拼时，安装脚手架套用满堂脚手架定额。

19）满堂脚手架的搭设高度大于 8m 时，参照本定额第五章“混凝土及钢筋混凝土工程”超危支撑架相应定额乘以系数 0.20 计算。

20）用于钢结构安装等支撑体系符合“超过一定规模的危险性较大的分部分项工程范围”标准时，根据专项施工方案，参照本定额第五章“混凝土及钢筋混凝土工程”超危支撑架相应定额计算。

### （三）工程量计算规则

#### 1. 综合脚手架

综合脚手架工程量＝建筑面积+增加面积

其中：

（1）建筑面积　按房屋建筑面积《建筑工程建筑面积计算规范》（GB/T 50353—2013）计算，有地下室时，地下室与上部建筑面积分别计算，套用相应定额。半地下室并入上部建筑物计算。

（2）增加面积

1）骑楼、过街楼底层的开放公共空间和建筑物通道，层高在 2.2m 及以上者按墙（柱）外围水平面积计算；层高不足 2.2m 者计算 1/2 面积。

2）建筑物屋顶上或楼层外围的混凝土构架，高度在 2.2m 及以上者按构架外围水平投影面积的 1/2 计算。

3）凸（飘）窗按其围护结构外围水平面积计算，扣除已计入《建筑工程建筑面积计算规范》（GB/T 50353—2013）第 3.0.13 条（即本项目任务 2 中建筑面积计算规范第 13）条规定）的面积。

4）建筑物门廊按其混凝土结构顶板水平投影面积计算，扣除已计入《建筑工程建筑面积计算规范》（GB/T 50353—2013）第3.0.16条（即本项目任务2中建筑面积计算规范第16）条规定）的面积。

5）建筑物阳台均按其结构底板水平投影面积计算，扣除已计入《建筑工程建筑面积计算规范》（GB/T 50353—2013）第3.0.21条（即本项目任务2中建筑面积计算规范第21）条规定）的面积。

6）建筑物外与阳台相连有围护设施的设备平台，按结构底板水平投影面积计算。

以上涉及面积计算的内容，仅适用于计取综合脚手架、垂直运输费和建筑物超高加压水泵台班及其他费用。

### 2. 单项脚手架

1）砌筑脚手架工程量按内、外墙面积计算（不扣除门窗洞口、空洞等面积）。外墙乘以系数1.15计算，内墙乘以系数1.10计算。

【例4-5】 如图4-21所示，某酒店外墙面装饰，试计算外墙脚手架定额工程量。

解：外墙脚手架工程量 $S=3.2\times3.86\times1.15=14.21$ （$m^2$）

【例4-6】 某酒店包房平面图如图4-22所示，该包房天棚做吊顶，室内净高4.2m，计算该天棚脚手架的工程量。

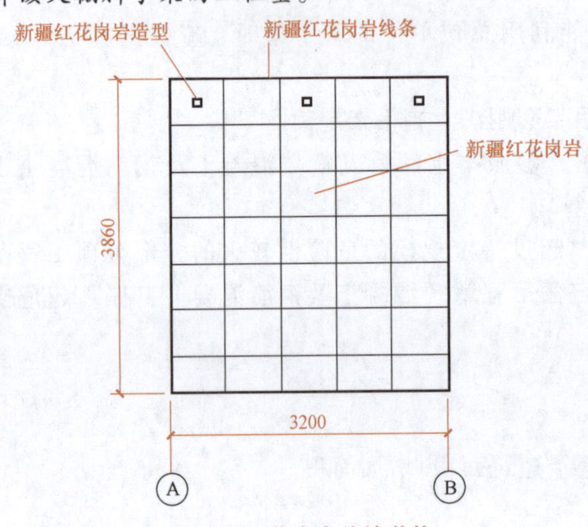

图4-21 花岗岩外墙装饰

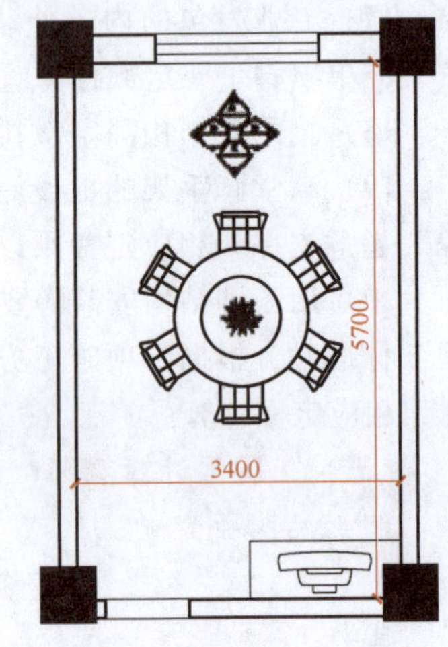

图4-22 某酒店包房平面图

解：该包房天棚吊顶高度为4.2m>3.6m，故脚手架应计算满堂脚手架。

工程量为：$S=3.4\times5.7=19.38$ （m）

2）围墙脚手架高度自设计室外地坪算至围墙顶，长度按围墙中心线计算，洞口面积不扣，砖垛（柱）也不折加长度。

3）整体式附着升降脚手架按提升范围的外墙外边线长度乘以外墙高度以面积计算，不扣除门窗、洞口所占的面积。按单项脚手架计算时，可结合实际，根据施工组织设计规定以租赁计价。

4）吊篮工程量按相应施工组织设计计算。

5）满堂脚手架工程量按天棚水平投影面积计算，工作面高度为房屋层高；斜天棚（屋面）按平均高度计算；局部高度超过3.6m的天棚，按超过部分面积计算。

屋顶上或楼层外围等无天棚建筑构造的脚手架，构架起始标高到构架底的高度超过 3.6m 时，另按 3.6m 以上部分构架外围水平投影面积计算满堂脚手架。

6）电梯安装井道脚手架，按单孔（一座电梯）以“座”计算。

7）人行过道防护脚手架，按水平投影面积计算。

8）砖（石）柱脚手架按柱高以“m”计算。

9）深度超过 2m 的无地下室基础采用非泵送混凝土时的满堂脚手架（图 4-23）工程量，按底层外围面积计算；局部加深时，按加深部分基础宽度每边各增加 50cm 计算。

图 4-23　混凝土满堂脚手架

10）混凝土、钢筋混凝土构筑物高度在 2m 以上，混凝土工程量包括 2m 以下至基础顶面以上部分体积。

11）烟囱、水塔脚手架，按不同搭设高度以“座”计算。

12）采用钢滑模施工的钢筋混凝土烟囱筒身、水塔筒式塔身、贮仓筒壁是按无井架施工考虑的，除设计采用涂料等工艺外不得再计算脚手架或竖井架。

### （四）计算实例

【例 4-7】　某工程立面图如图 4-24 所示，无地下室，基础深度 $H=5.2$m，采用非泵送混凝土施工，每层建筑面积 800m$^2$，天棚投影面积 720m$^2$，楼板厚 100mm，墙面天棚均刷白色乳胶漆，计算该工程的脚手架费用。（管理费、利润均按 10% 计取，风险不计，计算结果保留 2 位小数）

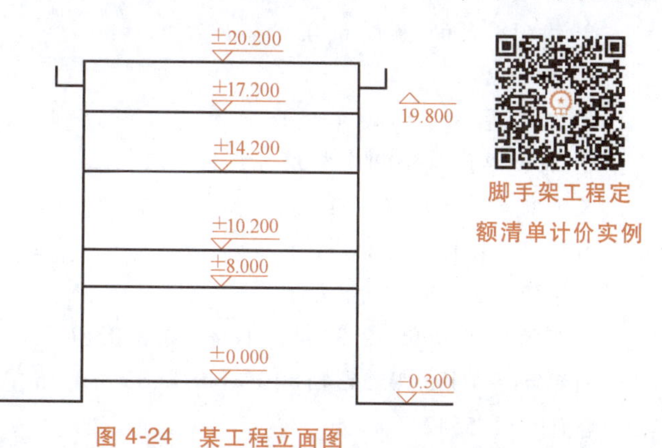


图 4-24　某工程立面图

脚手架工程定额清单计价实例

解：（1）计算综合脚手架费用

该工程檐高 $H=19.8+0.3=20.1$m>20m，套 30m 以内定额，底层层高 $H=8$m>6m，需单独计算。

1）底层：

① 工程量：由于该工程没有增加面积，其综合脚手架工程量＝建筑面积 $S_1=800$（m$^2$）

② 综合单价（套用定额编号：18-7+8×2）：

人工费=14.6874+1.4702×2=17.6298（元/$m^2$）

材料费=12.5996+0.9453×2=14.4902（元/$m^2$）

机械费=1.1225+0.1145×2=1.3515（元/$m^2$）

管理费=(17.6298+1.3515)×10%=1.89813（元/$m^2$）

利润=(17.6298+1.3515)×10%=1.89813（元/$m^2$）

合计=37.2678（元/$m^2$）

2）二至五层：层高$H$<6m，脚手架工程量为建筑面积。

① 工程量：$S_2$=800×4=3200（$m^2$）

② 综合单价（套用定额编号：18-7）：

人工费=14.6894（元/$m^2$）

材料费=12.5996（元/$m^2$）

机械费=1.1225（元/$m^2$）

管理费=(14.6894+1.1225)×10%=1.5812（元/$m^2$）

利润=(14.6894+1.1225)×10%=1.5812（元/$m^2$）

合计=31.5739（元/$m^2$）

综合脚手架费用：800×37.2678+3200×31.5739=130850.72（元）

(2) 计算天棚抹灰脚手架费用

底层高度为8m，第三层高度为4m，有两层高度大于3.6m，其中底层8m>5.2m，第三层3.6m<4m<5.2m，则需分开计算：

1）底层：层高=8m>5.2m($\Delta H$=8−5.2=2.8m)。

① 工程量：满堂脚手架工程量=天棚投影面积$S_1$=720（$m^2$）

② 综合单价（套用定额编号：18-47+48×3）：

人工费=8.0595+1.5930×3=12.8385（元/$m^2$）

材料费=1.4707+0.3095×3=2.3992（元/$m^2$）

机械费=0.3434+0.0775×3=0.5759（元/$m^2$）

管理费=(12.8385+0.5759)×10%=1.3414（元/$m^2$）

利润=(12.8385+0.5759)×10%=1.3414（元/$m^2$）

合计=18.4965（元/$m^2$）

2）第三层：

① 工程量：$S_3$=720（$m^2$）

② 综合单价（套用定额编号：18-47）：

人工费=8.0595（元/$m^2$）

材料费=1.4707（元/$m^2$）

机械费=0.3434（元/$m^2$）

管理费=(8.0595+0.3434)×10%=0.8403（元/$m^2$）

利润=(8.0595+0.3434)×10%=0.8403（元/$m^2$）

合计=11.5542（元/$m^2$）

天棚抹灰脚手架费用=18.4965×720+11.5542×720=21636.50（元）

(3) 计算内墙饰面脚手架费用

该工程有两层层高>3.6m，其内墙的装饰（乳胶漆）脚手架未包含在综合脚手架费用里，应考虑利用满堂脚手架，不再计算内墙脚手架费用。

(4) 计算基础混凝土运输脚手架费用

该工程为无地下室非泵送混凝土基础，$H=5.2>2\text{m}$，未包含在综合脚手架费中，应计算混凝土运输脚手架费。

① 工程量：$S=800$ ($\text{m}^2$)（底层面积）

② 综合单价（套用定额编号：18-47H+48H×2）：

人工费 = (8.0595+1.5930×2)×0.6 = 6.7473（元/$\text{m}^2$）

材料费 = (1.4707+0.3095×2)×0.6 = 1.2538（元/$\text{m}^2$）

机械费 = (0.3434+0.0775×2)×0.6 = 0.2990（元/$\text{m}^2$）

管理费 = (6.7473+0.2990)×10% = 0.7046（元/$\text{m}^2$）

利润 = (6.7473+0.2990)×10% = 0.7046（元/$\text{m}^2$）

合计 = 9.7094（元/$\text{m}^2$）

基础混凝土运输脚手架费用：9.7094×800 = 7767.52（元）

(5) 脚手架费用合计

130850.72(综合脚手架费用)+21636.50(天棚抹灰脚手架费用)+7767.52(基础混凝土运输脚手架费用)= 160254.74（元）

## 二、垂直运输工程费的计算

### （一）基础知识

#### 1. 垂直运输工具

建筑工程中，垂直运输工具常为卷扬机和自升式塔式起重机。地下室施工，按塔吊配置；檐高30m以内按单筒慢速1t内卷扬机及塔吊配置；檐高120m以内按单筒快速1t内卷扬机及塔吊和施工电梯配；超过120m按塔吊和施工电梯配置。

#### 2. 垂直运输费用的使用范围

因为采用上述描述的运输工具而发生的有关费用，在计算时要根据建筑物的类别、高度、层高而区别对待。

### （二）定额使用说明

1）本定额适用于房屋工程、构筑工程的垂直运输，不适用于专业发包工程。

2）本定额包括单位工程在合理工期内完成全部工作所需的垂直运输机械台班，但不包括大型机械的场外运输、安装拆卸及路基铺垫、轨道铺拆和基础等费用，发生时另按相应定额计算。

3）建筑物的垂直运输，定额按常规方案以不同机械综合考虑，除另有规定或特殊要求者外，均按定额执行。

4）檐高30m以下建筑物垂直运输机械不采用塔吊时，应扣除相应定额子目中的塔吊机械台班消耗量，卷扬机井架和电动卷扬机台班消耗量分别乘以系数1.50计算。

5）檐高3.6m以内的单层建筑，不计算垂直运输费用。

6）建筑物层高超过3.6m时，按每增加1m相应定额计算，超高不足1m的，每增加1m相应定额按比例调整。钢结构厂（库）房、地下室层高定额已综合考虑。

7）垂直运输定额按不同檐高划分，同一建筑物檐高不同时，应根据不同高度的垂直分界面分别计算建筑面积，套用相应定额；同一建筑物结构类型不同时，应分别计算建筑面积套用相应定额，同一檐高下的不同结构类型应根据水平分界面分别计算建筑面积，套用同一檐高的相应定额。

8）本章按主体结构混凝土泵送考虑，如采用非泵送时，垂直运输费按相应定额乘以系数1.05。

9）装配整体式混凝土结构垂直运输费套用相应混凝土结构定额乘以系数1.40计算。

10）住宅钢结构垂直运输定额适用于结构体系为钢结构的工程。大卖场、物流中心等钢结构工程，其构件安装套用本定额第六章“金属结构工程”厂（库）房钢结构时，垂直运输套用厂（库）房相应定额。当住宅钢结构建筑为钢—混凝土混合结构时，垂直运输套用混凝土结构相应定额。

11）装配式木结构工程的垂直运输按本章混凝土结构相应定额乘以系数0.60计算。

12）砖混结构执行混凝土结构定额。

13）构筑物高度以设计室外地坪至结构最高点为准。

14）钢筋混凝土水（油）池套用贮仓定额乘以系数0.35计算。贮仓或水（油）池池壁高度小于4.5m时，不计算垂直运输费用。

15）滑模施工的贮仓定额只适用于圆形仓壁，其底板及顶板套用普通贮仓定额。

### （三）工程量计算规则

1）地下室垂直运输以首层室内地坪以下全部地下室的建筑面积计算，半地下室并入上部建筑物计算。

2）上部建筑物垂直运输以首层室内地坪以上全部面积计算，面积计算规则按本定额第十八章“脚手架工程”综合脚手架工程量的计算规则。

3）非滑模施工的烟囱、水塔，根据高度按“座”计算；钢筋混凝土水（油）池及贮仓按基础底板以上实体积以“$m^3$”计算。

4）滑模施工的烟囱、筒仓，按筒座或基础底板上表面以上的筒身实体积以“$m^3$”计算；水塔根据高度按“座”计算，定额已包括水箱及所有依附构件。

### （四）计算实例

【例4-8】 某框剪结构综合楼，檐高25m，建筑面积12000$m^2$，施工采用60kN·m带配重的自升式塔式起重机，管理费和利润按10%计取，暂不考虑风险，计算：

垂直运输工程费

（1）建筑物垂直运输费用。

（2）塔式起重机基础费用。

（3）安装拆除费用。

（4）场外运输费用。

**解：**（1）计算建筑物垂直运输费用

1）工程量：12000$m^2$

2）综合单价（套用定额编号：19-5）

机械费＝24.3722（元/$m^2$）

管理费＝24.3722×10%＝2.4372（元/$m^2$）

利润＝24.3722×10%＝2.4372（元/$m^2$）

综合单价=29.2466（元/$m^2$）

3）垂直运输费用=12000×29.2466=350959.2（元）

（2）计算塔式起重机基础费用

1）工程量：1座

2）综合单价［查定额下册附录（二）］：

人工费=2095.20（元/座）

材料费=22653.52（元/座）

机械费=74.75（元/座）

管理费=(2095.20+74.75)×10%=216.995（元/座）

利润=(2095.20+74.75)×10%=216.995（元/座）

综合单价=25257.46（元/座）

3）塔式起重机基础费用=1×25257.46=25257.46（元）

（3）计算塔式起重机安装拆除费用

1）工程量：1座

2）综合单价［查定额下册附录（二）］：

人工费=12825.0（元/座）

材料费=299.44（元/座）

机械费=12814.08（元/座）

管理费=(12825+12814.08)×10%=2563.908（元/座）

利润=(12825+12814.08)×10%=2563.908（元/座）

综合单价=31066.336（元/座）

3）塔式起重机安装拆除费用=1×31066.336=31066.336（元）

（4）计算塔式起重机场外运输费用

1）工程量：1台次

2）综合单价［查定额下册附录（二）］：

人工费=3780（元/台次）

材料费=202.68（元/台次）

机械费=9574.03（元/台次）

架线=271.60（元/台次）

回程费=2765.66（元/台次）

管理费=(3780+9574.03)×10%=1335.403（元/台次）

利润=(3780+9574.03)×10%=1335.403（元/台次）

综合单价=19264.776（元/台次）

3）塔式起重机场外运输费用=1×19264.776=19264.776（元）

## 三、建筑物超高施工增加费的计算

超高施工增加费

### （一）基础知识

建筑物的高度超过一定范围，施工过程中人工、机械的效率会有所降低，即人工、机械的消耗量会增加，且随着工程施工高度不断增加，还需要增加加压水泵才能保证工作面上正常的施工供水，工作面上的材料供应、清理以及上下联系、辅助工作等都会受到一定影响。以上所有这些因素都会引起建筑物由于超高而增加费用。

### （二）定额使用说明

1）本章定额适用于檐高 20m 以上的建筑物工程，超高施工增加费包括建筑物超高人工降效增加费、建筑物超高机械降效增加费、建筑物超高加压水泵台班及其他费用。

2）同一建筑物檐高不同时，应分别计算套用相应定额。

3）建筑物超高人工及机械降效增加费包括建筑物首层室内地坪以上的全部工程项目费用，不包括大型机械的基础、运输、安拆、垂直运输、各类构件单独水平运输、各项脚手架、现场预制混凝土构件和钢构件的制作项目费用。

4）建筑物超高加压水泵台班及其他费用按钢筋混凝土结构编制，装配整体式混凝土结构、钢—混凝土混合结构工程仍执行本章相应定额；遇层高超过 3.6m 时，按每增加 1m 相应定额计算，超高不足 1m 的，每增加 1m 相应定额按比例调整。如为钢结构工程时相应定额乘以系数 0.80 计算。

### （三）工程量计算规则

1）建筑物超高人工降效增加费的计算基数为规定内容中的全部人工费。

2）建筑物超高机械降效增加费的计算基数为规定内容中的全部机械台班费。

3）同一建筑物有高低层时，应按首层室内地坪以上不同檐高建筑面积的比例分别计算超高人工降效费和超高机械降效费。

4）建筑物超高加压水泵台班及其他费用，工程量同首层室内地坪以上综合脚手架工程量。

超高施工增加费定额清单计价实例

### （四）计算实例

**【例 4-9】** 某地块建筑规划示意如图 4-25 所示，图中数字为不同区域、不同层面的建筑面积，其中 A、D 区檐高为 20m（无地下室），B 区檐高为 70m，C 区檐高为 50m。假设 20m 内共 6 层，20~50m 为 10 层（每层等高），50m 以上为 6 层，各区内每层建筑面积相等。试按定额计算垂直运输工程量。

**解：** 同一建筑物檐高不同时，垂直运输工程量应根据不同高度分别计算。

（1）檐高 20m 内 A 区、D 区建筑面积：

$$S=1000+2000=3000\ (\text{m}^2)$$

（2）檐高 50m 内 C 区建筑面积：

$$S=3000+3000=6000\ (\text{m}^2)$$

（3）檐高 70m 内 B 区建筑面积：

$$S=3000+5000+4000=12000(\text{m}^2)$$

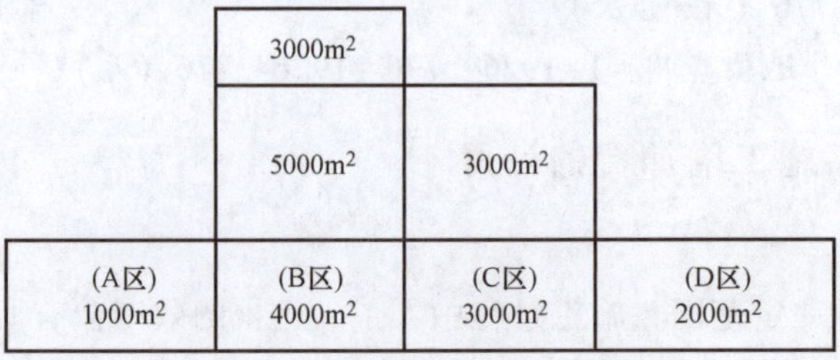

3000m²
5000m²
3000m²
(A区) 1000m²
(B区) 4000m²
(C区) 3000m²
(D区) 2000m²

图 4-25 某地块建筑规划示意图

【例 4-10】 某综合楼立面图如图 4-26 所示，A、B 单元各层建筑面积见表 4-1。按照市场定价的原则，假设人工、材料、机械的市场信息价格与定额取定价格相同；经分析计算该单位工程扣除垂直运输、各类构件单独水平运输、各项脚手架、预制混凝土及金属构件制作后的人工费为 240 万元，机械费为 150 万元；试计算该工程超高施工增加费。（管理费和利润按 10%计取，暂不考虑风险费用）

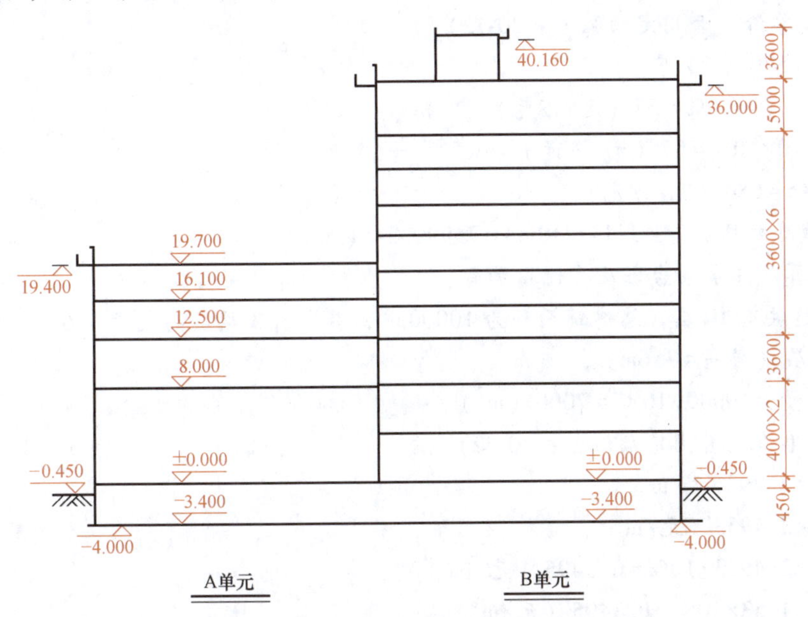


图 4-26 某综合楼立面图

表 4-1 A、B 单元各层建筑面积

| 层次 | A 单元 | | | B 单元 | | |
|---|---|---|---|---|---|---|
| | 层数 | 层高/m | 建筑面积/$m^2$ | 层数 | 层高/m | 建筑面积/$m^2$ |
| 地下 | 1 | 3.4 | 500 | 1 | 3.4 | 1000 |
| 首层 | 1 | 8 | 500 | 1 | 4 | 1000 |
| 二层 | 1 | 4.5 | 500 | 1 | 4 | 1000 |
| 标准层 | 1 | 3.6 | 500 | 7 | 3.6 | 7000 |
| 顶层 | 1 | 3.6 | 500 | 1 | 5 | 1000 |
| 合计 | 5 | | 2500 | 11 | | 11000 |

**解：**（1）先判定需要计算超高增加费的面积，即檐高>20m，只有 B 单元（檐高 38.2+0.45=38.65m）。

（2）计算 B 单元的人工费、机械费：

人工费=(1000+1000+7000+1000)÷(11000+2500)×240=177.78（万元）

机械费=(1000+1000+7000+1000)÷(11000+2500)×150=111.11（万元）

（3）计算人工降效增加费：

1）工程量：177.78 万元

2）综合单价（套用定额编号：20-2）：

人工费=570（元/万元）

管理费=570×10%=57（元/万元）

利润＝570×10%＝57（元/万元）

综合单价＝684（元/万元）

3）人工降效增加费＝177.78×684＝121601.52（元）

（4）计算机械降效增加费：

1）工程量：111.11万元

2）综合单价（套用定额编号：20-12）：

机械费＝570（元/万元）

管理费＝570×10%＝57（元/万元）

利润＝570×10%＝57（元/万元）

综合单价＝684（元/万元）

3）机械降效增加费＝111.11×684＝75999.24（元）

（5）计算加压水泵台班及其他增加费：

B单元总共有10层，总建筑面积为10000$m^2$，其中有3层层高大于3.6m，应分开计算。

1）3-9层（层高＝3.6m）：

① 工程量：10000÷10×7＝7000（$m^2$）

② 综合单价（套用定额编号：20-22）：

材料费＝2.29（元/$m^2$）

机械费＝3.4953（元/$m^2$）

管理费＝3.4953×10%＝0.3495（元/$m^2$）

利润＝3.4953×10%＝0.3495（元/$m^2$）

综合单价＝6.4843（元/$m^2$）

③ 合计＝7000×6.4843＝45390.1（元）

2）1-2层（层高＝4.0m）：

① 工程量：10000/10×2＝2000（$m^2$）

② 综合单价（套用定额编号：20-22+31×0.4）：

材料费＝2.29（元/$m^2$）

机械费＝3.4953+0.1058×0.4＝3.5376（元/$m^2$）

管理费＝3.5376×10%＝0.3538（元/$m^2$）

利润＝3.5376×10%＝0.3538（元/$m^2$）

综合单价＝6.5351（元/$m^2$）

③ 合计＝2000×6.5351＝13070.20（元）

3）10层（层高＝5.0m）：

① 工程量：10000÷10＝1000（$m^2$）

② 综合单价（套用定额编号：20-22+31×1.4）：

材料费＝2.29（元/$m^2$）

机械费＝3.4953+0.1058×1.4＝3.6434（元/$m^2$）

管理费＝3.6434×10%＝0.3643（元/$m^2$）

利润＝3.6434×10%＝0.3643（元/$m^2$）

综合单价＝6.6621（元/$m^2$）

③ 合计 = 1000×6.6621 = 6662.10（元）

加压水泵台班及其他费用合计 = 45390.1+13070.20+6662.10 = 65122.40（元）

（6）超高施工增加费合计：

121601.52+75999.24+65122.40 = 262723.16（元）

【素养助力港】

## 一个建筑企业的诚信故事

2018 年，重庆易成建设工程有限公司承建了对外提质道路工程一标段项目工程。该工程包含三龙路、夏杨路、太佛路等，合计里程长达 37.5km，工程投标期间，河沙、碎石价格在 30 元/t 左右，然而，在工程正式施工期间，河沙、碎石却猛涨至 60~70 元/t，运到工地更达到 120~130 元/t。在企业面临亏损的情况下，重庆易成建设工程有限公司没有将工程停下来，也没有要求业主调价，而是严格按照合同，积极组织材料，根据设计图纸、施工验收规范的要求，保质保量完成了所有工程，确保工程按期投入使用。

诚信是无价的、珍贵的，虽然企业遭到亏损，但仍然严格按照合同执行，履行合同义务，保质保量并按期完成了工程。正是对于诚信的那份执着与坚守，重庆易成建设工程有限公司才不断发展壮大，才能连续多年被评为“诚信建筑企业”，闯出了自己的一片新天地。

**【点评】**

人的一生，无论是做人还是做事，都离不开诚实守信的基本原则。诚信，是道德规范的重要内容，是做人之本、办事之根。作为造价人，在计算脚手架工程费、垂直运输费以及超高费过程中要增强求真务实、诚实守信的意识；在日常生活中，也要提升遵守合同、诚恳服务的良好素质，为人为善、坦诚相待、团结互爱、助人为乐。

## 【小结】

本任务主要介绍了脚手架工程、垂直运输工程、建筑物超高施工增加费的基本知识和施工工艺，脚手架工程、垂直运输工程、建筑物超高施工增加费的定额套用及计算规则；重点是掌握脚手架费用计算。

## 【思考与练习题】

### 一、单项选择题

1. 建筑物超高增加费适用于（　　）超过（　　）的建筑物工程。

A. 层高，6m　　B. 檐高，20m　　C. 檐高，30m　　D. 层高，3.6m

2. 某工程无地下室，基础采用非泵送混凝土施工，深度 4m，该工程基础脚手架，依据《浙江省房屋建筑与装饰工程预算定额》（2018 版），材料费为（　　）元/100m$^2$。

A. 579.15　　B. 521.80　　C. 674.73　　D. 515.43

3. 高度为 8m 的酒店大堂天棚吊顶装修脚手架，依据《浙江省房屋建筑与装饰工程预算定额》(2018 版)，人工费为（　　）元/100m$^2$。

A. 1115.1　　B. 1443.15　　C. 1283.85　　D. 1177.65

4. 檐高 30m 层高 5m 的混凝土框剪结构候车大厅的垂直运输费，套用 2018 版《浙江省房屋建筑与装饰工程预算定额》(2018 版)，机械费为（　　）元/100m$^2$。

A. 3202.94　　B. 2973.22　　C. 2437.22　　D. 2820.08

## 二、多项选择题

1. 檐高 30m 的综合楼，依据《浙江省房屋建筑与装饰工程预算定额》(2018 版)，超高施工增加费应套用定额（　　）。

A. 20-1　　B. 20-11　　C. 20-31　　D. 20-21

2. 综合脚手架定额综合了（　　）内容。

A. 砌筑脚手架　　B. 高度 3m 的内墙装饰脚手架

C. 外墙饰面脚手架　　D. 上料平台

## 三、填空题

1. 某工程无地下室，基础采用非泵送混凝土施工，深度 3.8m，该工程基础脚手架，套用《浙江省房屋建筑与装饰工程预算定额》(2018 版)，材料费为（　　）元/100m$^2$。

2. 高度为 8m 的酒店大堂内墙装修脚手架，套用《浙江省房屋建筑与装饰工程预算定额》(2018 版)，人工费为（　　）元/100m$^2$，如仅刷浆，人工费乘以系数（　　）。

3. 某 20 层商务楼檐高 60m，底层大堂层高 5m，该层的加压水泵超高增加费，依据《浙江省房屋建筑与装饰工程预算定额》(2018 版)，机械费为（　　）元/100m$^2$。

4. 檐高 50m，层高 4m 的钢结构住宅的垂直运输增加费，套用《浙江省房屋建筑与装饰工程预算定额》(2018 版)，机械费为（　　）元/100m$^2$。

## 四、简答题

1. 综合脚手架定额综合了哪些内容，不包括哪些内容？
2. 综合脚手架工程量计算和建筑面积的计算规则有哪些不同之处？
3. 垂直运输定额未包括哪些内容？发生时应如何计算？
4. 垂直运输工程地下室与上部建筑物工程量应如何计算？
5. 建筑物超高施工增加费各项降效系数中已包括哪些内容？未包括哪些内容？

## 五、定额套价

写出下列项目的定额编号、计量单位、定额人材机费用（如需换算，应列出换算式）：

1. 满堂脚手架，层高 10m，仅用于刷浆。
2. 房屋综合脚手架，檐高 25m，层高 6.5m。
3. 围墙脚手架，高度 3m。
4. 建筑物上部结构垂直运输，檐高 20m，采用卷扬机带塔。
5. 某厂房上部垂直运输，檐高 25m，层高 22m。

## 六、计算题

1. 某市区临街房屋工程：地下室一层，建筑面积 1000m$^2$。裙房三层，檐高 10m，建筑面积 2000m$^2$（不包括主楼占地部位），层高均为 3.6m。主楼 12 层，檐高 40m，建筑面积 7000m$^2$，其中：底层层高 6m，建筑面积 1000m$^2$（天棚面积 800m$^2$）。按上述背景资料，某投标单位制定了施工组织设计方案：地下室施工工期 30 天；试计算该建筑物脚手架的施工技术措施费。（假设人工、材料、机械台班的价格与定额取定价相同；企业管理费、利润分别按人工费加机械费均按 10%计取，风险费暂不考虑）

2. 如图 4-27 所示，某建筑物分三个单元，第一个单元共 20 层，檐口标高 62.7m，建筑面积每层 $300m^2$；第二个单元共 18 层，檐口标高 49.7m，建筑面积每层 $500m^2$；第三个单元共 15 层，檐口标高 35.7m，建筑面积每层 $200m^2$；有地下室一层，建筑面积 $1000m^2$。计算该工程垂直运输增加费。

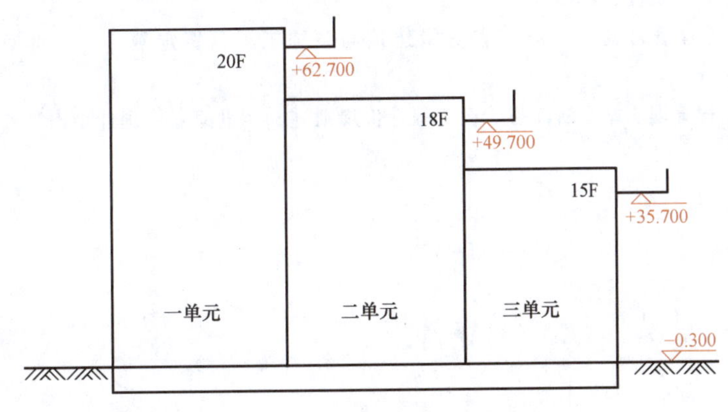


图 4-27　某建筑物立面图

# 参考文献


[1] 张建平，张宇帆. 工程计价新基础 [M]. 北京：机械工业出版社，2018.

[2] 中华人民共和国住房和城乡建设部. 建设工程工程量清单计价规范：GB 50500—2013 [S]. 北京：中国计划出版社，2013.

[3] 中华人民共和国住房和城乡建设部. 房屋建筑与装饰工程工程量计算规范：GB 50854—2013 [S]. 北京：中国计划出版社，2013.

[4] 浙江省建设工程管理总站. 浙江省房屋建筑与装饰工程预算定额 [S]. 北京：中国计划出版社，2018.

[5] 浙江省建设工程管理总站. 浙江省建设工程计价规则 [S]. 北京：中国计划出版社，2018.